博碩文化

脫離模板伸手族，為你自己真正學習一次 Notion！

U0077487

Notion
全方位管理術

任務管理×收支記帳×知識筆記×
ChatGPT×Notion AI

劉弘祥 著

用Notion打造高效工作流！
深入探索Notion的各種功能和應用場景

淺顯易懂
內容直觀好理解
小白也能迅速上手

說明清晰
豐富圖文＋邏輯拆解
讓你輕鬆舉一反三

動手操作
20 個實作範例
靈活應對多元情境

多元串接
串接各式工具
打造你的無限可能

2022
iThome鐵人賽
優選

iThome
鐵人賽

脫離模板伸手族，為你自己真正學習一次 Notion！

Notion
全方位管理術
任務管理×收支記帳×知識筆記×
ChatGPT×Notion AI

劉弘祥 著

用Notion打造高效工作流！

深入探索Notion的各種功能和應用場景

淺顯易懂	說明清晰	動手操作	多元串接
內容循序好理解 小白也能迅速上手	營運圖文、邏輯拆解 讓你輕鬆舉一反三	20 個實作範例 靈活應對多元情境	串接各式工具 打造你的無限可能

2022 iThome鐵人賽 優選

iThome 鐵人賽

本書如有破損或裝訂錯誤，請寄回本公司更換

作　　　者：劉弘祥
責任編輯：偕詩敏

董 事 長：曾梓翔
總 編 輯：陳錦輝

出　　　版：博碩文化股份有限公司
地　　　址：221 新北市汐止區新台五路一段 112 號 10 樓 A 棟
　　　　　　電話 (02) 2696-2869　傳真 (02) 2696-2867

發　　　行：博碩文化股份有限公司
郵撥帳號：17484299　戶名：博碩文化股份有限公司
博碩網站：http://www.drmaster.com.tw
讀者服務信箱：dr26962869@gmail.com
訂購服務專線：(02) 2696-2869 分機 238、519
（週一至週五 09:30 ～ 12:00；13:30 ～ 17:00）

版　　　次：2024 年 6 月初版二刷

建議零售價：新台幣 600 元
I S B N：978-626-333-890-6
律師顧問：鳴權法律事務所 陳曉鳴律師

國家圖書館出版品預行編目資料

Notion 全方位管理術：任務管理 x 收支記帳 x 知
識筆記 x ChatGPT x Notion AI / 劉弘祥著 . -- 初版 .
-- 新北市：博碩文化股份有限公司 , 2024.06 印刷
　　面；　　公分 . -- (iThome 鐵人賽系列書)

ISBN 978-626-333-890-6 (平裝)

1.CST: 套裝軟體

312.49　　　　　　　　　　　　　113008181

Printed in Taiwan

博碩粉絲團　歡迎團體訂購，另有優惠，請洽服務專線
(02) 2696-2869 分機 238、519

好評盛讚

本書從技術角度教我們活用 Notion，幫助打造一個更自動化的系統！

Esor

電腦玩物站長

《Notion 全方位管理術》提供了對 Notion 從基礎功能到進階 API 的全面指南，是一本實用性極高的工具書。它不僅解釋了操作過程，還附有豐富的實例，讓讀者能夠理解並快速運用 Notion 於日常生活與工作中的各種項目。非常推薦給所有想要深入了解並有效運用 Notion 的讀者。

槓桿生活 QQ

YouTuber & Notion Ambassador

揭開 Notion 的神秘面紗！這本書將帶你深入探索區塊和頁面的強大功能，並巧妙運用 Notion AI，讓你的組織和管理工作變得輕而易舉。

張永錫

時間管理講師

這本書不僅涵蓋了 Notion 的基礎功能，還深入介紹了串接 API、自動化等進階技巧，這對於優化我的工作流程非常有幫助。如果你想要系統性地學習如何建立自己的 Notion 知識系統，這本書能完全滿足你。

蔡旻錫

《Brief AI 電子報》Founder

推薦序

「又是一本講 Notion 操作的工具書？」

這是我收到書稿時的第一個直覺想法。

但仔細看完書籍目錄頁，我就發現我錯了。

這本書，是一本兼具「說明操作步驟」與「實戰應用」的好書

2020 年開始，Notion 逐漸在台灣的網路上竄紅。有大量的 YouTuber、線上課程、書籍都在教如何使用 Notion。但這些課程不外乎是提供一個模版，請大家留下 Email / 花錢購買模版。

你得到了模版，但只能在特定情境下使用 Notion。如果你想要客製化這些模版，可能就沒這麼容易了。

如何懂透 Notion 的基本與進階操作，同時依據個人使用情境，打造出適合自己的 Notion 使用工作流程呢？

弘祥的這本書，有你需要的答案

除了手把手帶你了解 Notion 的基本功能外，還會提供進階應用案例給你。根據你對於 Notion 的熟悉程度，這本書可以帶給你不同的收穫。如果你是

- **新手**：這是一本幫助你快速上手的指導手冊，讓你在最短時間內掌握 Notion。
- **中手**：教你如何掌握 Notion 更多厲害的玩法，比如自動化功能節省繁瑣的操作。
- **老手**：這本書會是你的靈感寶庫，讓你從 20 個實際案例中獲取靈感並拓展 Notion 應用領域。

雖然我已經使用 Notion 兩年了，但還是有許多新發現。從中我學習到 3 個實用的內容，快速分享給你。

學習 1 — Formula 的使用

我學到將 Formula 應用在管理文章。

這裡會使用到 substring 和正規表達式，讓 Notion 資料庫的欄位有更清楚的呈現。老實說段落比較困難，適合進階 Notion 使用者參考。

但是搭配實際案例，果然比較好學習。

學習 2 — 自動化的場景

2023 年 9 月 Notion 推出了 Automation 功能。

這個功能我一直沒看懂怎麼用。弘祥在書中不但有詳細的解說，也給了 2 個應用案例—自動產生資料庫關聯 & 自動標記任務開始 / 完成時間。

這兩個場景確實在 Notion 中都常碰到，非常實用。

學習 3 — 自動化 + AI

這個部分讓我最驚艷！

弘祥示範如何透過 iPhone Siri 捷徑 + ChatGPT，打造屬於自己的「智能日記」。隨時將想法告訴 ChatGPT，並在一天結束時請它寫成一篇日記給我們。

這應用真的厲害，用「說」的就能記錄自己一天的生活。

最後我會說：不論你是想快速摸透 Notion，還是想要知道 Notion 的更多應用方式，都可以在這本書中有所收穫。

朱騏

卡片盒筆記法專家、軟體技術寫手

序

脫離模板伸手族，為你自己真正學習一次 Notion

這幾年 Notion 以介面美觀、功能豐富的軟體之姿，頻頻出現在大眾的視野中。有些人將它當作筆記軟體，有些人則當作資料庫，也有些人拿來管理專案進度，Notion 功能與介面的多樣性使得它出現在任何地方都不足為奇。

隨著用戶的增加，也有越來越多人在網路社群分享自己的使用經驗。往往在這些文章或影片底下，總是會有許多人留著「請問可以提供模板嗎」的留言，似乎只要自己拿到了一套別人的模板就可以和別人做出一樣的成果。

然而大多時候，這些人往往會因為「不清楚使用邏輯」，導致拿到模板後也不知道該如何有效使用，擺弄幾天後就淪為角落的數位垃圾了。

因此我希望能透過這本書，帶領那些希望能用 Notion 改進自己生活中某部分需求的人，讓我們從基礎的概念開始，針對自己的需求建立一套量身訂做的系統。並且因為掌握了各個元件的功能，在系統需要調整或升級時也都有能力處理！

本書的內容改編自我在第 14 屆 iThome 鐵人賽獲得優選的系列文章，但為了讓書中的內容可以更加結構明確、清晰易讀，篇幅已經過大幅度修整。在前面幾章中，我會仔細深入地探討和比較各種基礎功能的用法，讓你在未來有需要時能夠快速查詢。在後面的章節中，我會以覆蓋不同領域的許多實作來示範，希望能為不同領域的讀者帶來有幫助的系統！

希望這本書能成為你的最佳助手

- **入門指南**：從最基礎的概念開始講解，一步步透過豐富的圖文説明來讓從來沒有使用過 Notion 的用戶能快速上手。

- **參考文件**：對於各種功能的細節都進行詳細比較和整理，當你不太確定如何使用一些功能時，本書就成了一份能快速查詢的文件。

- **案例手冊**：想要將 Notion 使用在某些地方但卻沒有想法，可以參考書中豐富的實作範例，打造自己的客製化數位系統靈感！

這本書適合 / 不適合誰？

這本書適合

- 有許多任務事項需要記錄與管理的人。

- 希望能有一個地方來解決大部分數位需求的人。

- 想學習 Notion 卻不知道從何開始的人。

- 曾經用過 Notion，但總覺得自己使用不夠有效率的人。

這本書不適合

- 堅持使用紙本筆記，排斥使用數位工具的人。

- 擁有天才般的腦袋，只用大腦就可以記住並管理所有事項的人。

- 生活非常輕鬆單調，其實沒有什麼事情與煩惱的人。

這本書的閱讀方式

這本書主要分成七大章節，分別為：

基礎內容

- 第 1 章　**Notion 基礎**：讓完全沒有任何基礎的讀者能快速認識 Notion 的價值與使用場景，並動手建立一個自己的工作區。

- 第 2 章　**Notion 內容編輯**：分別介紹在 Notion 中的區塊（Block）、頁面（Page）的種類與使用技巧，這兩個部分是 Notion 中最基本的單位。

- 第 3 章　**Notion 資料管理**：接著深入介紹 Notion 最核心的資料庫（Database）功能，包含欄位類型、檢視模式及各種輔助功能（Filter、Sort、Template 、Group 、Linked View）。

進階內容

- 第 4 章　**進階功能**：進階使用者必學的功能介紹與實作，包含同步區塊、Notion AI、按鈕（Button）、資料庫關聯（Relation）、新版公式（Formula 2.0）、自動化（Automation）以及用 Notion API 串接應用的各種方法。

實作演練

- 第 5 章　**Notion 財務管理**：以記帳管理為背景，介紹 Notion 的動態檢視優勢，以及使用 Apple Watch 進行記帳。

- 第 6 章　**Notion 團隊協作**：以團隊協作的各種需求為背景，示範使用 Notion 進行高效率會議、在 Notion 中自動建立 Meet 會議並同步到 Google 行事曆、用 Notion 自動管理任務流、將 Notion 串接 ChatGPT 後自動生成文案、將重要任務送到 Slack 等。

- 第 7 章　Notion 個人成長：以個人成長和資訊管理為目的，介紹在 Notion 中實現自動每日打卡表、串接表單進行問題日記、串接手機的 ChatGPT 實現智能語音日記、串接各種知識來源進行數位知識管理。

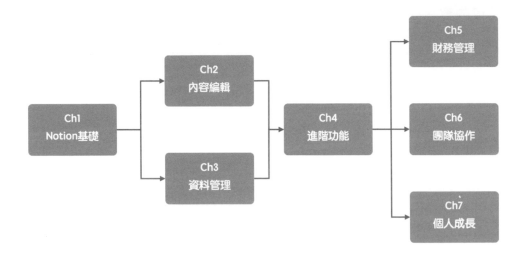

除了最後三個章節比較獨立以外，前面的章節大致都有一定的連貫順序，但根據讀者對 Notion 的熟悉程度，推薦的閱讀順序為：

- 從來沒用過 Notion 的小白：從「第 1 章」開始按照順序閱讀，並且建議讀完「第 2 章～第 3 章」後，就先闔上書動手實際操作，過一段時間後再回頭檢查 Notion 功能有哪些可以調整、增加。

- 有使用過一些 Notion 的基礎功能：可以從「第 2 章～第 3 章」開始閱讀，強化基礎概念，之後可以在「第 4 章」學習進階功能，或是參考「第 5 章～第 7 章」的各種使用場景。

- 已經熟悉 Notion 的資深用戶：直接從「第 4 章」中還不會的功能開始閱讀，並且參考「第 5 章～第 7 章」的使用場景，納入自己的系統中。

接下來就讓我們一同進入 Notion 的世界！

目錄

1 Notion 基礎概念

2 Notion 內容編輯

3　Notion 資料管理

4 Notion 進階用法

5 Notion 財務管理

6 Notion 團隊協作

7 Notion 個人成長

A 附錄

1

Notion 基礎概念

超過 3,000 萬用戶、估值 100 億的高顏值筆記軟體。

是什麼成就了 Notion？我應該入坑嗎？

功能太多不知道從何開始？跟著我進入 Notion 的世界吧！

本章重點

1.1　認識 Notion

1.2　進入 Notion 之前

1.3　開始使用 Notion

1.1 認識 Notion

在進入功能五花八門的 Notion 之前，讓我快速為你整理出 Notion 的現況以及它的特色，以協助你進行是否應該入坑的評估。

1.1.1 Notion 是什麼？

▶ 超過 3,000 萬用戶、估值 100 億的筆記軟體

作為一個橫空出世的筆記軟體，Notion 為用戶提供了一個集合多種功能的協作平台。它將**筆記**、**任務管理**、**文件編寫**、**知識庫**、**資料庫**和**項目規劃**等功能結合在一起，使得用戶可以更有效地組織和管理他們的工作、學習和生活。

目前 Notion 已經吸引超過 3,000 萬用戶的使用，並且估值也已超過 100 億美元。我們可以從圖 1-1 的 Google 搜尋趨勢發現，關注 Notion 的人數是逐步成長的。

圖 1-1　Notion 在 Google 搜尋趨勢上的現況 *1

▶ 高顏值的筆記軟體

作為每天要記錄、翻閱的工具，Notion 有著非常現代化的介面設計，讓就算是沒用過的人看到也會覺得非常有質感。其具有簡單易用的介面和靈活的組織功能，讓用戶可以根據自己的需求和喜好自訂筆記的結構和佈局。用戶可以建立各種不同類型的頁面，例如筆記、待辦事項清單、日程安排、文件、表格和圖表等，並且可以將它們組織成不同的文件夾或分類。當熟悉了各種操作以後，也可以搭配 emoji 或是嵌入等各種方式來讓你的版面變得更加美觀。

---

*1　如果仔細看，你可以發現每年剛開始的時候都出現一個小峰值，看來希望透過各種工具來試著展開自己的「新年新希望」的現象是全球通用的呢！

在 Notion 使用者中流傳這樣一句話：

「可能有些人會覺得 Notion 不好用，但應該沒有人會覺得 Notion 不好看。」

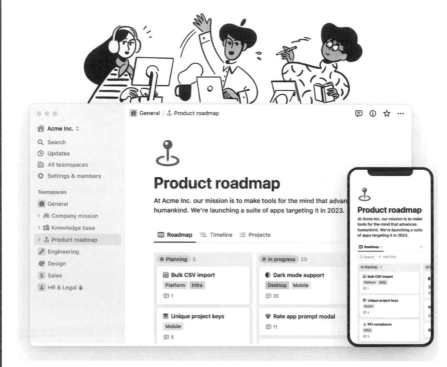

圖 1-2　Notion 的桌面與移動端介面

（資料來源：Notion 官網）

▶ 方便的多人協作

作為一個生產力工具，當然也不會局限在只能自己個人的使用。在 Notion 當中提供了非常友善的多人協作功能，不論是要與其他用戶對於同一份文件進行同步的編輯修改，或是要作為團隊的任務管理工具都是可以的。此外工作區內除了可以設定不同的角色和權限，還有提供版本記錄的功能，以防在協作過程中不小心誤操作而造成損失。

➤ 跨平台同步

當我們出門在外的時候,最麻煩的事情就是當需要找某個文件的時候才發現電腦沒有帶在身上。而 Notion 作為一個橫跨各平台的雲端軟體,不論你是用電腦、平板、手機,在任何有網路的地方都可以方便地存取到你的 Notion 資料庫。而且在同時多個設備登入的時候,Notion 的同步效率也讓人幾乎感覺不到什麼延遲。

1.1.2　Notion 有什麼特色?

➤ 獨特的結構設計(區塊 / 頁面 / 資料庫)

最傳統的筆記應用習慣,是將筆記一層一層分成不同的資料夾,然後再將筆記根據某些設定好的規則放到對應的位置,取用時也要一層一層找到對應的筆記,而且在不同筆記之間需要重複利用的時候往往只能依賴複製貼上這種笨方法。但是在 Notion 中,你可以:

- 樣維持過往的習慣,用**資料夾層級**的方式來整理。

- 使用**資料庫**的方式儲存筆記,配合每一篇筆記的屬性及檢視模式查閱。

- 在不同筆記中使用**同步區塊**,以節省相同資訊重複編輯的心力。

- 使用提及(@)或是關聯(Relation),來建立**筆記之間的關聯**。

各種不同習慣的用法,在 Notion 中都能實現,這都仰賴於 Notion 獨特的結構設計。在 Notion 中有三種不同的儲存單位,分別為**區塊**(Block)、**頁面**(Page)、**資料庫**(Database),我們在後面的章節會詳細介紹它們。在圖 1-3 中,你可以快速了解這三種不同的資訊容器在 Notion 中的特性。

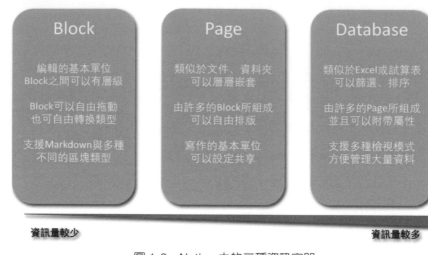

圖 1-3　Notion 中的三種資訊容器

如果要視覺化理解的話，我們可以把「區塊」想像成是各種不同的便利貼，許多便利貼在同一個筆記本後形成「頁面」，而「資料庫」則是可以裝下許多本筆記本的抽屜。

> 雖然在圖 1-3 中由小到大是區塊、頁面、資料庫，但在 Notion 中，你不僅可以將筆記本（Page）放在抽屜（Database）裡面，你甚至可以再把抽屜放在筆記裡面，可以根據需求無限地嵌套！

▶ 豐富的跨平台生態與開放 API

如果要說 Notion 和其他筆記軟體最大的不同之處，想必就是它那超級豐富的第三方生態！光是內建在 Notion 裡面可以連動的應用就超過 30 款，更不用說因為 Notion 開放了它的 API[2] 給大家使用，使我們在各個地方都有機會看到結合 Notion 的案例，甚至還可以自己動手寫一個專屬的 Notion 應用！

---

*2　Application Programming Interface（API）：俗稱應用程式介面，常用在不同應用程式之間的互動與數據交換。

1.1.3 與其他筆記軟體的比較

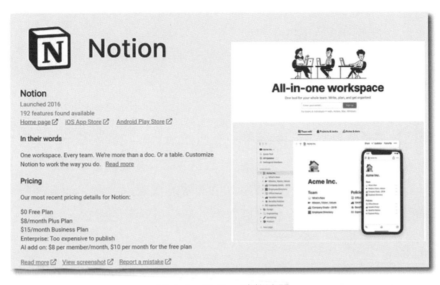

圖 1-4　Notion 功能清單

（資料來源：NoteAPPs.into）

市面上的筆記軟體一直推陳出新，使用者往往還沒用熟一款舊的軟體，新的工具又推出。要同時掌握這些不同的筆記軟體的功能與特色又顯得不切實際，因此這邊根據 NoteAPP.info 網站的整理，將 Notion 與其他常見的筆記軟體的功能進行比較後，整理成表 1-1：

	跨平台支援	雲端同步	協作功能	內嵌內容	模板系統	資料庫和表格功能	支援Markdown語法	雙鏈功能
Notion	✓	✓	✓	✓	✓	✓	✓	⚠
Evernote	✓	✓	✓	✓	✓	✗	✗	✗
OneNote	✓	✓	✓	✓	✓	✗	✗	✗
Obsidian	✓	☐	☐	✓	✓	☐	✓	✓
Apple Notes	✗	✓	✓	✓	✗	✗	✓	✗

表 1-1　常見筆記軟體功能比較

其中各個符號表示：

- ✓：支援良好
- △：勉強可用，但效果不是很好。
- □：需要透過第三方的服務來實現。
- ✗：不支援這個功能。

每個筆記軟體都有自己不同的優勢所在，並沒有哪一個軟體是可以完全取代其他所有軟體，因此讀者可以根據自己的需求重點挑選筆記軟體。不過如果目前你有一些想要嘗試的動力，也希望能挑選到一個可以支援許多不同場景的筆記軟體，那麼 Notion 確實是一個值得參考的選擇。

1.2 進入 Notion 之前

在踏入 Notion 的世界之前，讓我們先用幾個問題來看看自己適合怎樣做筆記、真的需要入坑 Notion 嗎、入坑後又可以用 Notion 做些什麼呢？

1.2.1 我應該入坑 Notion 嗎？

雖然這是一本教你如何使用 Notion 的書，但我並不會跟你說「Notion 是最好的筆記軟體，每個人都應該使用它」這種騙人的話。每個人都有最適合自己的流程與工具，但如果你還沒有建立起自己習慣的工作流，那麼不妨可以從 Notion 開始試看看。當然最後也未必要留在 Notion，正如金庸小說中的「無劍勝有劍」，技巧和理解是可以超越具體的工具的。即使選擇不同的工具或平台，核心的管理和生產力原則仍然是通用的。

1.2.2 我應該從何開始？

國外生產力專家、撰寫《打造第二大腦》（Building a Second Brain）的作者 Tiago Forte 曾對筆記風格提出分類 [3]，他指出不同的人其實會有不同習慣的筆記風格。我們可以將這些風格區分成三個類型：園丁、圖書館員、建築師，不同的風格描述可以參考表 1-2。

風格	描述
園丁	喜歡漫遊、夢想、想像和創造性飛躍 靈感對於他們來說非常重要 他們需要的是將散落在各處的想法串連在一起
圖書館員	如同倉鼠一般持續搜集著各種新奇事物 記錄過程的本身對他們就是一種樂趣 他們最需要的是能有可以持續蒐集大量資源的空間 同時也要能有條理地整理這些收納好的資料
建築師	喜歡清楚的結構與系統 非常重視事情的流程 他們重視希望能用最有效率的方式生活

表 1-2　三種筆記風格

---

*3　〈Pick a Notes App: Your Notetaking Style〉影片：https://www.youtube.com/watch?v=f3dDVtJ2sec。

你的筆記風格是哪一種呢？雖然這個系統是用來選擇不同的筆記軟體所提出的，但實際上也可以讓我們作為要從 Notion 的什麼功能和應用開始的參考：

- 如果是**園丁**，建議從 Notion 的各種區塊（Block）類型上手，而在筆記之間的串連則可以參考第 6 章的個人知識管理系統，讓 Notion 成為一個創意和想法不斷生長和發展的花園。你可以利用 Notion 的靈活性來建立不同的頁面和子頁面，藉此將零散的想法組織起來，形成豐富的創意網。

- 如果是**圖書館員**，建議你從第 3 章的資料庫（Database）開始入門，透過設定不同的檢視模式與篩選器，你可以更加清楚有效率地管理你的項目。同時也可以學習如何在不同的資料庫之間透過匯總（Rollup）的方式來將資料庫進行連結。

- 如果是**建築師**，建議先從第 2~4 章開始入門，瞭解 Notion 的基本與進階功能之後，在自己的工作流中挑出一個最適合的部分來開始使用 Notion，直到比較熟悉之後，便可以開始嘗試 Notion API 來串接各種服務，透過更多的自動化服務來增加你的數位生活效率。

1.2.3　Notion 可以做什麼？

如果你是一個剛開始接觸 Notion 的使用者，或許會想説：「我知道它好像有很多功能，但是**具體可以用來做什麼？**」所以這邊我整理了一些常見的用途。

▶ 作為筆記軟體

只要有內容編輯的功能，任何 APP 都可以是筆記軟體（相信我，很多人到現在還是會用 Word 當作他們的筆記軟體），那麼 Notion 比其他軟體好在哪裡呢？首先就是它「**所見即所得**」的設計，透過一個個區塊所拼接而成的

內容，想要什麼位置、版面、格式的調整全部點擊一下或是單純拖拉就能達到。同時其**方便的搜尋和同步**功能也為我們在記錄大量筆記後的使用提供了不少幫助。

▶ 作為資料庫

不論是生活或工作中，總是有許多要記錄的資料，但是每次的資料如果都要開一個 Excel，不但整理起來十分麻煩，也可能會將檔案不小心搞丟。這個時候不如試試看 Notion，它同時**結合了表格資料與文件內容**的設計，**無限的層級劃分與彈性的空間**會讓你的資料記錄與整理變得更加輕鬆方便。

▶ 作為協作平台

跨平台同步的特性使得 Notion 可以方便支援不同的系統，並且還提供良好的權限管理機制，讓你可以將資料內容分享給對應的人員。同時，Notion 在共同編輯的體驗也做得十分流暢，不論是記錄的保存或是事項的提及都很好上手。

▶ 打造專屬的 **All-In-One** 系統

常常有人說「筆記軟體的盡頭是 Notion」——雖然 Notion 的某些功能可能有更好的替代品，不過當我們從整體的角度來考慮時，它似乎就成了那個最大的平衡點。**漂亮的介面 + 方便的結構 + 自由的 API**，讓它可以結合各式各樣的資料來源與應用輸出。隨著我們對各項功能了解的深入，便開始可以把它與我們的不同應用做結合，將 Notion 作為我們的數位生活中繼站。

1.3 開始使用 Notion

認識完自己與 Notion 之後，有打算試著入坑了嗎？那就讓我們快速走一次註冊與安裝流程吧！

1.3.1　帳號註冊

讓我們前往 Notion 的官網[4]（見圖 1-5）。

圖 1-5　Notion 官網

進入官網後會出現登入介面（見圖 1-6），選擇右上角的 Log in（登入），它支援 Google / Apple / Email 的登入方式，因此選擇自己習慣的登入即可。如果

---

*4　Notion官網：https://www.notion.so/。

該帳號是第一次登入，它會幫我們自動建立一個 Notion 帳號（見圖 1-7），此時可以填入自己要使用的用戶名稱、密碼、大頭貼以完成註冊。

圖 1-6　Notion 註冊登入介面

圖 1-7　填寫用戶資訊

接著，它會要求我們選擇一個用途（見圖 1-8），讀者可以根據需求隨意選擇，主要是影響帳號下預設提供的範例內容而已。

圖 1-8　選擇用途（分為團隊 / 個人 / 學校）

1.3.2　介面說明

截至目前，Notion 尚未推出官方的中文版，但也不用因為全英文的介面而感到怯步，我會一一講解這些區塊的功用。

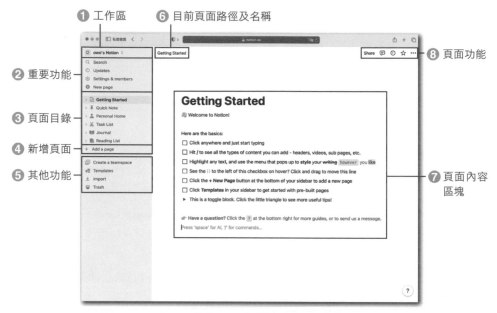

圖 1-9　Notion 介面

在 Notion 的介面中（見圖 1-9），主要可以分成左邊的**側邊功能欄**和右邊的**內容編輯區塊**，畫面上幾個重要的區塊依照編號分別是：

❶ **切換工作區**：在 Notion 裡面同一個帳號可以建立多個工作區，除了自己的工作區以外，也可以加入別人的工作區進行協作，如果需要切換工作區，可以從這邊進行。

❷ **重要功能**：這邊是在 Notion 中最常被用到的幾個功能，由上至下分別為「🔍搜尋」、「🕐訊息」、「⚙️設定」、「➕新增頁面」。

❸ **頁面目錄**：在這邊可以看到此工作區底下所有的根目錄下的頁面，如果一個頁面下有其他子頁面，則可以點擊左側的 〉符號進行展開。

❹ **新增頁面**：新增頁面的另一個入口。

❺ **其他功能**：一些比較不常用的功能，由上至下分別為「建立團隊空間」、「模板」、「匯入」、「回收區」。

❻ **目前頁面路徑及名稱**：這裡會顯示目前頁面的名稱，如果此頁面不是在根目錄下，則會同時顯示它的上層路徑。

❼ **頁面內容區塊**：這邊是作為文件的頁面編輯區塊，可以用許多不同的區塊組成。

❽ **頁面功能**：針對頁面進行調整的一些選項，由左至右分別為「修改時間」、「分享」、「評論」、「修改記錄」、「收藏」、「更多功能」。

1.3.3 安裝應用程式

除了使用網頁版的 Notion，我們也可以下載 Notion 的應用程式軟體。

 注意

> 應用程式版本的 Notion，就算在登入後斷開網路，還是可以持續編輯內容，它會等到重新連上網路的時候進行同步。但是網頁版本的 Notion 則必須全程連網才能使用。

➤ 安裝桌面版本

前往 Notion 的官網，依照自己的系統選擇對應的安裝套件（圖 1-10）並安裝即可。

圖 1-10　根據電腦系統選擇對應的安裝套件

≫ 安裝 APP 版本

除了桌面端，Notion 也有提供移動端的應用，可以開啟 APP Store 或是 Google Play 搜尋 Notion 進行安裝使用。

1.3.4　付費方案

使用 Notion 的基礎版本不需要付費，不過一些比較進階的功能會限制給不同的方案使用，如圖 1-11 所示。

≫ 版本差異

截止至本書撰寫完成時，從最基礎的免費版本到付費的 Plus 版本，兩者的區別在於：

- 免費版本的工作區只能提供給單一個固定成員，若是變成團隊空間，則有 1,000 個區塊的限制（但還是可以透過頁面的共用邀請來讓別人進行共同編輯）。

- 免費版的附件有單個檔案最大 5MB 的限制，Plus 版的則無限制。

- 邀請他人共同編輯頁面的人數限制，可以從 10 人升級到 100 人。

- 頁面編輯的記錄，從 7 天增加到 30 天。

- 免費版不可自訂 Notion Automation 的條件，但若是之前在付費版下建立的條件（不論是自己以前的 Plus 版本或是其他人帳號下建立的）則可以跟隨資料庫複製過來使用。

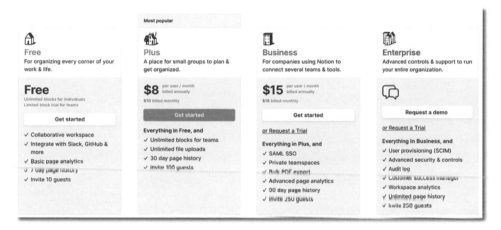

圖 1-11　不同方案的功能差異

 筆者閒聊

早期的 Notion 免費版，連個人空間都有限制 1,000 個區塊的容量，那個時候真的是不付費就很容易撞到上限。

但現在 Notion 對於個人空間下的區塊直接解開這個限制，因此對於個人來說 Free 版本的方案就已經十分夠用了！

再往上專門提供大型企業使用 Business 和 Enterprise 版本，則是會以在 Notion 中的團隊功能為主，再多加這些功能：

- 頁面編輯記錄的時間，從 30 天再增加到 90 天，並且可以獲得更詳細的頁面內容分析工具。

- 協作者人數可以從 100 人增加到 250 人。

- 可以將整個頁面輸出成 PDF。

- 可以使用 SSO（Single Sign-On）登入。

- 更詳細的權限控制和操作記錄。

▶ 開通教育版（可選）

如果你有教育版的 email 帳號（即 `.edu` 或 `.edu.tw` 結尾的帳號），Notion 還提供免費的教育版（等同於 Plus 方案）可以使用。

可以在左上角的地方進入設定（見圖 1-12）：

圖 1-12　進入設定

選擇「Plans」>「See all plans」，如圖 1-13。

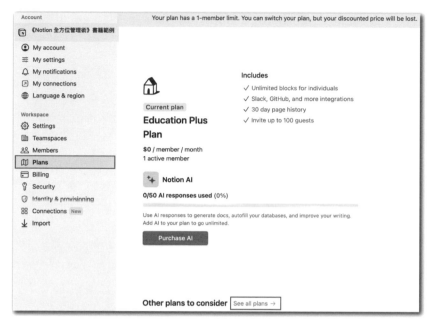

圖 1-13　查看方案比較

在這邊可以查看不同方案的詳細功能差異（見圖 1-14）：

	Free $0	Plus $10 per member per month	Business $18 per member per month	Enterprise $25 per member per month
Pay annually ◯ Monthly	Downgrade	Upgrade	Upgrade or Request a Trial	Upgrade or Request a Trial
Content				
Pages & blocks	Unlimited for individuals, limited block trial for 2+ members	Unlimited	Unlimited	Unlimited
File uploads	Up to 5 MB	Unlimited	Unlimited	Unlimited
Page history	7 days	30 days	90 days	Unlimited
Page analytics	Basic	Basic	Advanced	Advanced
Sharing & collaboration				
Collaborative workspace	✓	✓	✓	✓
Guest collaborators	10	100	250	250
Custom notion.site domain with public home page		✓	✓	✓
Permission groups	✓	✓	✓	✓

圖 1-14　不同方案詳細功能差異

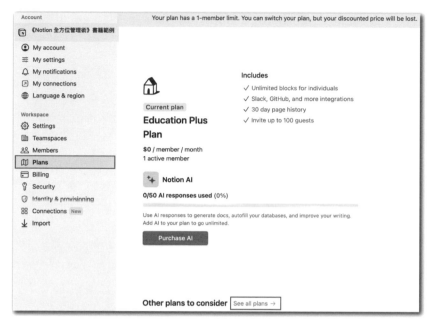

進去後往下拉到最底，選擇「Get education plan」，通過 Email 驗證之後就可以獲得教育版 Plus（見圖 1-15）。

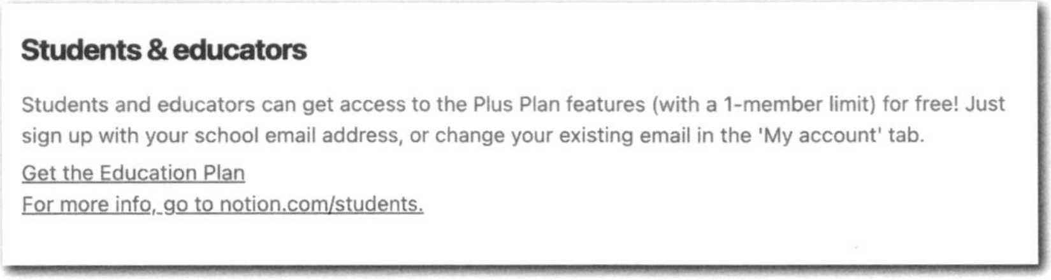

Students & educators
Students and educators can get access to the Plus Plan features (with a 1-member limit) for free! Just sign up with your school email address, or change your existing email in the 'My account' tab.
Get the Education Plan
For more info, go to notion.com/students.

圖 1-15　獲得教育版權限

如果之前沒有設定帳號密碼的話，這邊會要求你設定密碼（見圖 1-16）：

Set a password
Use a password at least 15 letters long, or at least 8 characters long with both letters and numbers. If you lose access to your school email address, you'll be able to log in using your password.
Enter a new password
New password
Confirm your new password
Confirm password
Set a password

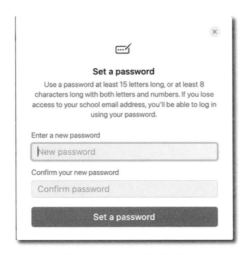

圖 1-16　設定帳號密碼

➤ 常見問題

Q： 若是教育版的信箱被收回，還能持續使用嗎？

A： 在 Notion 這邊仍然可以使用密碼進行登入，但因為無法操作信箱則沒辦法進行密碼修改之類的操作。

➤ Notion AI

在 Notion 當中，Notion AI 這一功能是作為附加服務所提供的，如果有需要使用到的用戶，需要在原本的方案以外另外支付 Notion AI 的訂閱費用（見圖 1-17）。

- 如果是本來沒有任何付費方案的用戶，不論是 Plus 或是教育版 Plus 方案，都需要再支付 10 美金每個月份費用。

- 如果是本來就是付費方案的用戶，不論是 Plus / Business / Enterprise 版本，都只需要再付 8 美金每個月的費用。

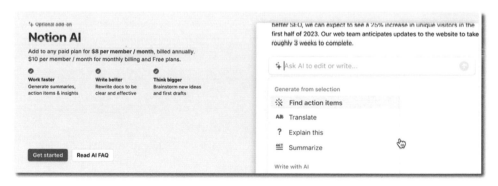

圖 1-17　Notion AI 付費方案

Notion 內容編輯

種類多樣的區塊（Block）與可以自由組合的頁面（Page），

如同積木與畫布一般，

讓我們在 Notion 中自由地記錄。

✑ 本章重點

2.1　區塊

2.2　頁面

2.3　管理架構

2.1 區塊

2.1.1 區塊的概念

> 「宇宙是由空間和無數不可分割的原子所組成的。」
> ——古希臘哲學家 Demokritos

而在 Notion 的世界中，也有組成各種內容的基本元素 —— 區塊（Block）。Notion 提供了非常多不同種類的區塊以因應不同的情況，因此只要掌握了各種區塊的使用技巧，就能在 Notion 中編輯文件邁出一大步！

▶ 每個區塊都有一個類別

在 Notion 當中有許多不同種類的區塊可以使用，而就像是構成宇宙萬物的原子一樣，每個區塊都有唯一的一個類別，這個類別決定了我們所編輯的內容會以何種樣子去進行呈現。而一個良好的文件，便是將這些不同的區塊，透過合適的組合編排而形成的。

但是作為最基本的編輯單位，每個區塊都是具有唯一的一個類別，因此當我們有不同的內容（例如影片與標題）要放在一起的時候，必定是由不同的區塊所組成的。

▶ 常見問題

Q：為什麼一個區塊只能有一個類別呢？

A： 因為 Notion 需要根據類別來決定內容的呈現形式，就如同我們知道雖
然同樣都是一堆 0 和 1 所組成的檔案，也是需要透過副檔名來讓電腦
知道它們應該用圖片、文件或是應用程式等不同方式打開。

➤ 區塊的類別是可以自由轉換的

如同前面提到的，區塊的類別所控制的是資料呈現的型態。所以當我們以
某個類型建立了一個區塊之後，我們仍然可以透過右鍵選擇「Turn into」
來將它轉換成不同的類型顯示。操作方式為：

- 點擊區塊前面的六個點標記，如圖 2-1。

- 選擇「Turn into」。

- 在選單當中選擇我們想要轉變的新類型，如圖 2-2。

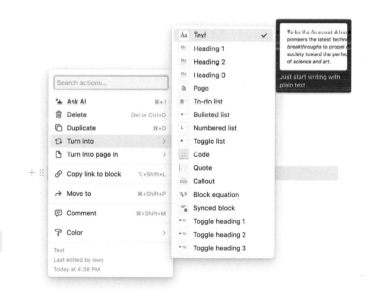

圖 2-1　開啟區塊選單　　　　　圖 2-2　選擇「Turn into」將區塊轉換成其他類型

❯ 可以用拖曳來編排區塊的位置

每個區塊都是一個編輯的單位，它帶來的好處就是，我們在需要進行內容編排或是順序調整的時候，可以很方便地拖曳一整個區塊，將它們移動到適合的位置，省去了一段段文字手動複製貼上的心力。

❯ 區塊也是 Notion 中的計價單位

雖然在個人免費版或是付費版本的工作區當中沒有限制，但是在免費的團隊工作區的區塊數量是有限制的，每個免費團隊工作區只能建立 1,000 個區塊！

因此除了對編輯內容而言，如果用的是有限量版本的 Notion 工作區的話也要注意區塊的使用量。

2.1.2　區塊的類型

在 Notion 裡面有超級多不同種類的區塊，光是內建的就已經超過 50 種大大小小不同的區塊，加上 Notion AI 與第三方服務的區塊後更是超過 100 種。而如此多的種類便是 Notion 可以展現非常多功能的基礎，卻也是勸退許多人的一道高牆。

不過其實這些不同種類的區塊都可以透過非常簡單的邏輯去劃分整理，我們可以大致上將這些區塊的種類區分成：**基礎區塊、資料庫區塊、Notion AI 區塊、進階區塊、嵌入區塊**這五大類別（見圖 2-3）。在本章中我們將分別針對這些類別中最常見的用法進行說明與整理。

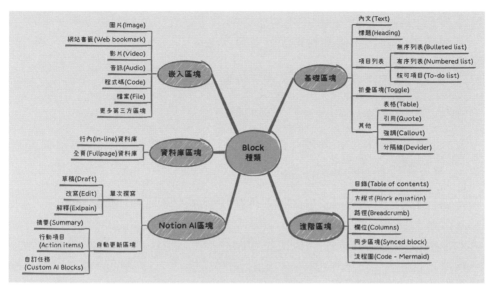

圖 2-3　區塊種類圖

▶ 基礎區塊

基礎區塊是 Notion 中最常用到的區塊，其中包含了各種不同的文字類型，
主要會用到的有：

- 內文（**Text**）：一般的文字，沒有附帶其他的效果。

- 標題（**Heading**）：使用不同大小的字體進行段落的劃分，在 Notion 中
  支援三個不同層級的標題。

- 項目列表：使用圓點來表示**無序項目**（Bulleted List）、數字來表示**有序
  項目**（Numbered List）、勾選框來表示**待核可項目**（To-Do List）等列
  表，適合用在需要列舉或是有許多層級的簡短內容上。

- 折疊區塊（**Toggle**）：對於三級不同的標題和無序項目列表，都有對應的折疊區塊，可以透過點擊來展開和隱藏區塊下的內容。

- 其他用來增加內容豐富度的區塊，包含：

  - **表格（Table）**：用來呈現表格類型的資料。

  - **引用（Quote）/ 強調（Callout）**：用來將某一段內容特別標記起來，用更加容易看到的方式顯示。

  - **分割線（Divider）**：對內容區塊進行分割，增加視覺理解輔助。

接下來讓我們快速透過幾個例子來認識這些基本的區塊，首先來看不同的標題與內容搭配使用的效果。在 Notion 中撰寫內容最常做的事情，就是依照內容去劃分不同的標題層級之後在各層級下撰寫內容，如圖 2-4（內容中的各種不同格式的設定，會在後面進行詳細的說明）。

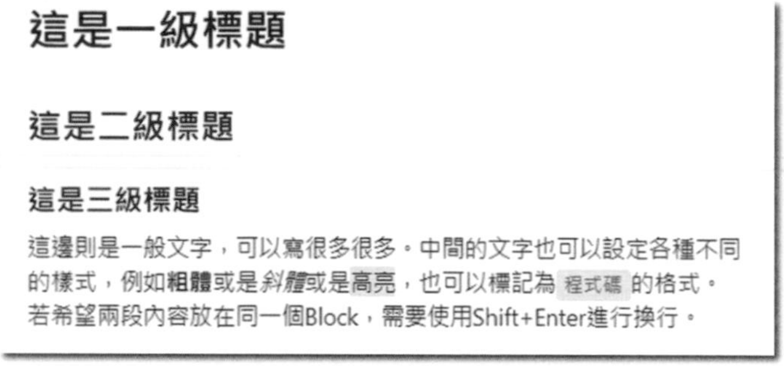

圖 2-4　不同的標題層級與內文

接下來則是三種不同的列表，如圖 2-5：

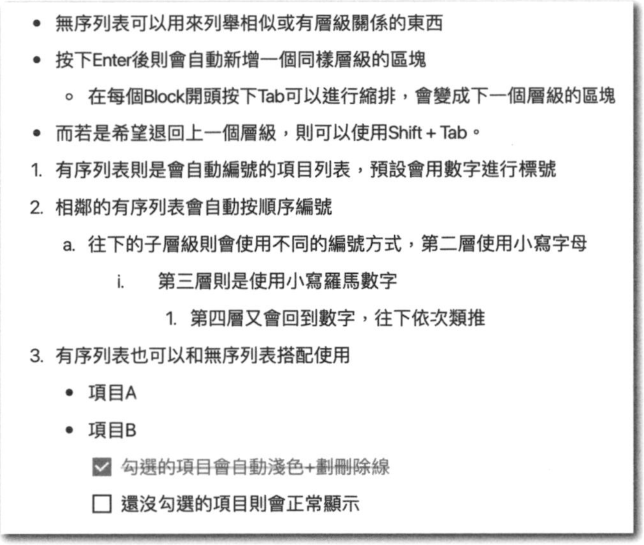

- 無序列表可以用來列舉相似或有層級關係的東西
- 按下Enter後則會自動新增一個同樣層級的區塊
  ◦ 在每個Block開頭按下Tab可以進行縮排，會變成下一個層級的區塊
- 而若是希望退回上一個層級，則可以使用Shift + Tab。
1. 有序列表則是會自動編號的項目列表，預設會用數字進行標號
2. 相鄰的有序列表會自動按順序編號
   a. 往下的子層級則會使用不同的編號方式，第二層使用小寫字母
      i. 第三層則是使用小寫羅馬數字
         1. 第四層又會回到數字，往下依次類推
3. 有序列表也可以和無序列表搭配使用
   - 項目A
   - 項目B
   ☑ 勾選的項目會自動淺色+劃刪除線
   ☐ 還沒勾選的項目則會正常顯示

圖2-5 各式列表（無序、有序、勾選）

接下來則是關於不同的折疊項目（見圖 2-6），它也可以和前面的文字、有序列表、無序列表、核可項目來進行搭配使用，在有大量需要放置且同時需要比較不同區塊的時候，使用折疊列表可以輕鬆地整理我們的內容。

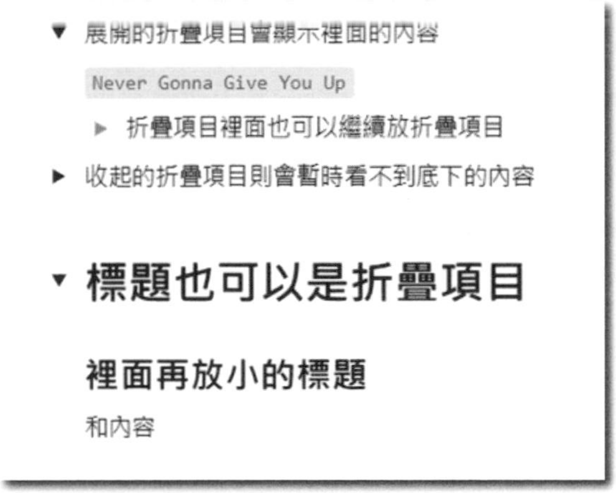

▼ 展開的折疊項目會顯示裡面的內容

`Never Gonna Give You Up`

　▶ 折疊項目裡面也可以繼續放折疊項目
▶ 收起的折疊項目則會暫時看不到底下的內容

▼ 標題也可以是折疊項目

裡面再放小的標題
和內容

圖 2-6 折疊項目（Toggle）

最後就是一些其他的基礎類別的效果（見圖 2-7），在這邊提供給讀者參考：

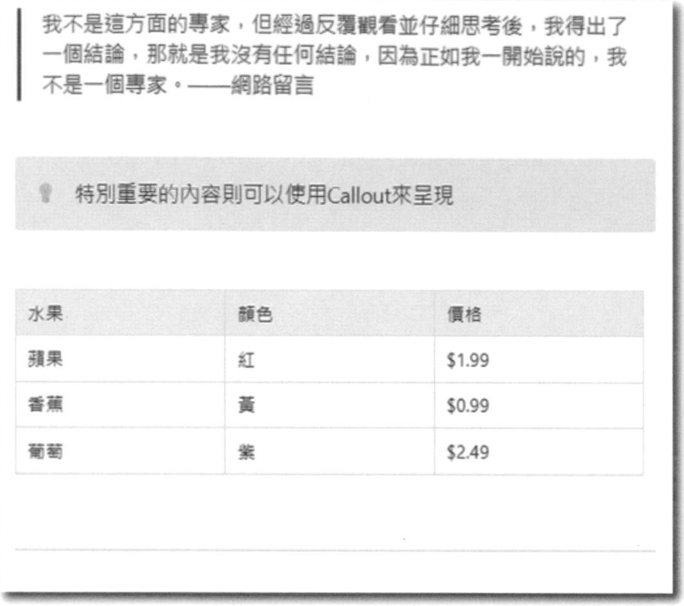

圖 2-7　引言（Quote）、強調（Callout）、表格（Table）、分隔線（Devider）

▶ 資料庫區塊

資料庫（Database）是 Notion 另外一個非常特別的功能，資料庫具體的功能會於第三章進行介紹。我們前面在介紹 Notion 的時候有提到「在 Notion 當中你可以把頁面（Page）放到資料庫（Database）裡面，也可以反過來把資料庫放到頁面裡面」。因此這邊主要說明的是我們的資料庫放在頁面後，它會以一個**資料庫區塊**的方式進行呈現，根據是否在頁面中顯示詳細內容又可以區分成行內資料庫（Inline Database）和全頁面資料庫（Full-Page Database），如圖 2-8。

圖 2-8　兩種不同資料庫區塊在頁面中的樣子

- 行內（**Inline**）資料庫

  - **優點**：可以對資料庫內容與頁面內容同時檢視。

  - **缺點**：若資料庫較複雜，放置在頁面中會產生比較擁擠的感覺。

- 全頁面（**Full-Page**）資料庫

  - **好處**：只提供一個入口以及作為資料庫的放置層級。

  - **缺點**：資料內容需要點進去之後才能查看到。

在前面所提到的表格區塊，也可以透過右鍵來直接轉換成一個資料庫，如圖 2-9。若原本有設定表格標題，轉換之後的資料庫會自動代入欄位名稱，如圖 2-10。

圖 2-9　對表格區塊選擇「Turn into database」可以轉換成資料庫

圖 2-10　轉換後的資料庫會自動代入之前的欄位名稱

同理，我們也可以將一個行內資料庫轉換回表格，如圖 2-11：

圖 2-11　對行內資料庫選擇「Turn into simple table」可以轉換成一般表格區塊

▶ 嵌入區塊

在 Notion 裡面除了基本的內容，有些時候我們還會需要加入一些其他外部的內容，而 Notion 也支援非常多的可嵌入區塊類型。其中 Notion 內部的區塊主要有 6 種（見圖 2-12）：

- 圖片（**Image**）：上傳的圖片可以自由的調整大小以符合需求。

- 網站書籤（**Web Bookmark**）：將網站的封面圖、標題、摘要製作成一個區塊。

- 影片（**Video**）：支援上傳的影片或是直接連結到外部（例如 YouTube 等），可以在頁面中播放。

- 音訊（**Audio**）：和影片一樣，支援上傳或是外部的資源。

- 程式碼（**Code**）：根據不同的程式語言進行不同的語法突顯（Syntax highlighting），並且提供方便的複製按鈕和協助格式化排版其中的程式碼。

- 檔案（**File**）：上傳各種檔案到頁面，可以作為附件使用，也可以上傳縮圖。

圖 2-12　內建可嵌入項目清單

而這些不同的效果則如圖 **2-13** 所示：

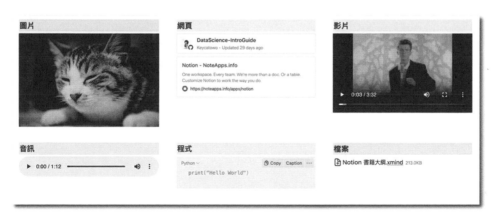

圖 2-13　各種不同的嵌入區塊

除此之外，Notion 也提供了許多的第三方服務可以進行嵌入（見圖 2-14），讓來自各處不同的資訊都能在 Notion 進行匯集。

圖 2-14　各種第三方插件區塊

▶ Notion AI 區塊

Notion AI 是 Notion 在 2023 年最新推出的新功能，將 LLM[*1] 與 Notion 進行結合，用更加原生的方式來操作你的 Notion 資料。目前它具備了這兩個功能特性：

- 針對不同任務單次撰寫的區塊 → 撰寫完之後會變成一般的區塊。
- 根據任務目標或是提示詞所設定的區塊 → 可以跟著頁面內容進行自動更新。

我們主要將 Notion AI 區塊提供的功能分成四種：

1. Draft with AI：協助撰寫各種內容草稿

當我們需要撰寫或是創作內容卻毫無想法的時候，不妨使用「Draft with AI」（AI 草稿撰寫）來幫我們撰寫一份草稿。Notion AI 提供了非常多撰寫草稿的模板，其中包含：腦力激盪（Brainstorm ideas）、部落格文章（Blog post）、大綱（Outline）、社群媒體貼文（Social media post）、新聞稿（Press release）、創作故事（Creative story）、散文或論文（Essay）、寫

---

*1　Large Language Model：大語言模型，其中Notion AI所用的是基於GPT3開發的系統。

詩（Poem）、待辦事項列表（To-do list）、會議議程（Meeting agenda）、利弊分析列表（Pros and cons list）、職位描述（Job description）、銷售郵件（Sales email）以及撰寫招聘郵件（Recruiting email）等。

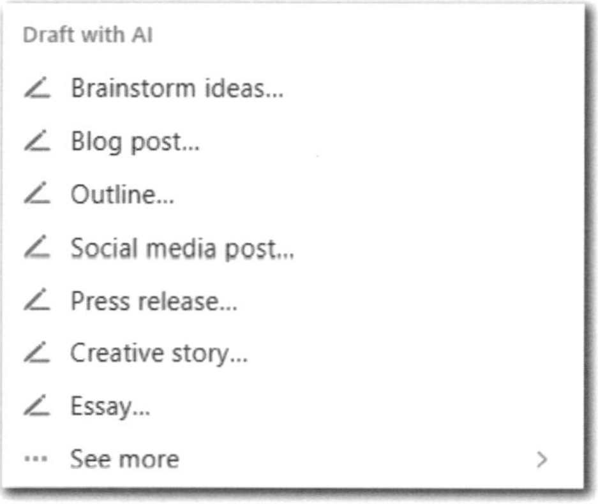

Draft with AI

∠ Brainstorm ideas...

∠ Blog post...

∠ Outline...

∠ Social media post...

∠ Press release...

∠ Creative story...

∠ Essay...

··· See more   >

圖 2-15　Notion AI 中用來撰寫內容草稿的各種模板

2. Edit or Review Page：協助調整內容文法、語氣、長度

當我們在使用 Notion 時，有時可能需要對已有的頁面進行改進或審閱，這時可以利用「Edit or review page」（編輯或審閱頁面）功能。這個功能提供了多種實用的編輯選項，幫助我們提升內容品質。

它包括了幾個關鍵的編輯工具，例如「提升寫作品質」（Improve writing），這可以幫助我們優化表達和結構。「修正拼寫和文法」（Fix spelling & grammar），用於檢查和糾正內容中的錯別字或語法錯誤。「精簡文字」（Make shorter），以更簡潔的方式表達相同的內容。「調整語氣」（Change tone），這個特別有用，可以根據情境和需求調整內容的語氣，比如選擇更專業（Professional）、隨和（Casual）、直接（Straightforward）、自信（Confident）或友善（Friendly）的風格。最後是「簡化語言」（Simplify language），它有助於使內容更易於理解，特別是當目標讀者是非專業人士時是很有幫助的。

圖 2-16　Notion AI 提供了修正內容文法、語氣、長度等功能

3. Write with AI：撰寫內容、摘要、找重點、翻譯、解釋

當你寫完一段內容後，可能會遇到各種不同的需求。可能是因為詞窮而寫不下去，或是希望將內容整理成重點總結，抑或是需要將內容翻譯成英文，甚至是希望將某些複雜的內容用淺顯易懂的方式解釋。

針對這些情況，Notion 提供了一系列實用的功能。其中包括「繼續寫作」（Continue writing），幫助你在思路受阻時繼續寫下去。「摘要總結」（Summarize），將長篇大論精煉成重點概要。「尋找行動項」（Find actions items），從文字中識別出需要執行的具體行動。「翻譯」（Translate），將內容轉化成其他語言，方便跨語言交流。以及「解釋這個」（Explain this），將複雜或專業的內容用更簡單的語言解釋清楚。

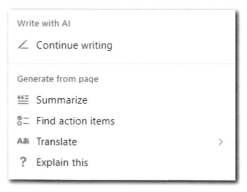

圖 2-17　Notion AI 提供了摘要、重點總結、翻譯等功能

4. Insert AI Block：可自動更新的 AI 區塊

「Insert AI block」（插入 AI 區塊）功能提供了一種動態的方式來使用 AI 處理文件內容。這個功能的特點是它可以根據頁面內容或欄位的更新自動進行更新，意味著用戶不需要每次都重新輸入提示詞來獲取最新的資訊或分析。目前有三個不同的 AI 區塊，分別為「摘要」（Summary）、「行動項目」（Action items）和「自定義 AI 區塊」（Custom AI block）。

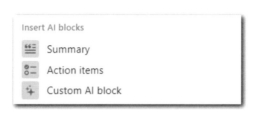

圖 2-18　Notion AI 的幾種會自動更新的 AI 區塊

關於 Notion AI 的使用技巧會在第 4 章（Notion 進階功能）中進行說明，有興趣的讀者可以直接翻閱查看。

➢ 進階區塊

最後則是介紹一些不同特色功能的進階區塊，剛學習 Notion 的時候可以先跳過這些區塊以避免太過混亂。而有了一定的熟悉程度與內容之後，再來加入這些進階的區塊，讓你的 Notion 更加完整。這些進階區塊包含：

● 目錄（**Table of Contents**）：會自動蒐集同一個頁面內的所有標題（h1、h2、h3），建立一個可以點擊跳轉的目錄，如圖 2-19。

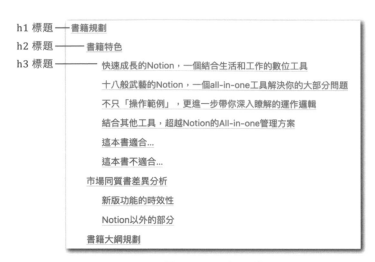

圖 2-19　目錄區塊

- 方程式（**Block Equation**）：支援 Latex 語法，可以用來輸入各種數學式，如圖 2-20。

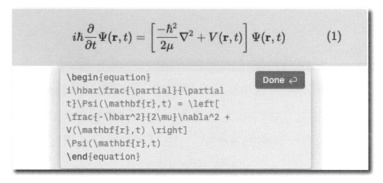

圖 2-20　方程式區塊

- 路徑（**Breadcrumb**）：列出目前這個頁面在工作區的路徑，並且可以點擊進入任意一個上級路徑，如圖 2-21。

圖 2-21　路徑區塊

- 欄位（**Column**）：可以將頁面橫向分割成 2、3、4、5 格相同大小的區塊，可以再手動調整邊界大小，如圖 2-22。

圖 2-22　欄位區塊

- 同步區塊（**Synced block**）：在兩處地方可以享有共同編輯與查看相同區塊的內容，如圖 2-23。

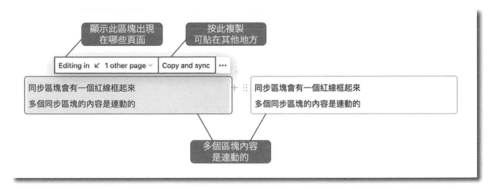

圖 2-23　同步區塊

- 流程圖（Code - Mermaid）：使用 Mermaid 語法繪製流程圖，如圖 2-24。

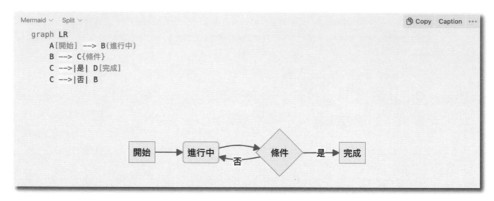

圖 2-24　流程圖區塊

2.1.3　區塊的技巧與應用

➤ 建立區塊的幾種方式

區塊作為最基本的元素，也就意味著我們只使用 Notion 的過程中幾乎無時無刻都需要與它打交道，因此在各種不同情況下快速建立區塊是必學的技巧。而常見的建立 Block 方式如下：

- 使用滑鼠點擊「+」從選單中添加

圖 2-25　點擊「+」添加區塊

尚不熟悉 Notion 的各種快速操作方式時，使用滑鼠從選單處進行添加是最簡單的方式。如圖 2-25，當我們需要在某個區塊下方再插入一個新的區塊的時候，只需要將滑鼠移到這個區塊最前面左邊的「+」處點擊，便可以展開詳細的區塊清單了。

- **使用「/」呼叫選單**

    當我們漸漸熟悉一些基本的操作和元素之後，為了比較快速的操作，我們可以使用 Notion 提供的 **/** 指令呼叫出選單進行快速操作。如圖 2-26，當想要插入一個表格區塊的時候，輸入 **/Table** 就可以在選單中快速找到表格區塊（其實通常只要輸入前幾個字母到足夠篩選出來就可以了）。

圖 2-26　透過「/」叫出選單

- **使用 Markdown 語法與快捷鍵（進階）**

    如果你之前有使用過其他的筆記軟體，那你可能會知道「Markdown 語法」──這是一種用來標記格式的非常輕便的語法，常被用在各種程式開發文件與許多筆記軟體中。

筆者強烈建議可以學習 Markdown 語法，這樣不論在不同的筆記軟體中都會很有幫助、可以提升許多效率。又因為 Markdown 語法的設計是強調「在標記格式的時候同時保留可讀性」，所以其實概念也很好理解，只要記得 3 條大原則：

1. **原則一**：使用 # 來表示標題，# 的數量越多表示標題的層級越小（見表 2-1）。

Markdown 語法	效果
# 一級標題	**一級標題**
## 二級標題	**二級標題**
### 三級標題	**三級標題**

表 2-1　Markdown 標題語法與效果比較

2. **原則二**：使用 +、-、*、1. 來表示列表，透過 Tab / Shift + Tab 來控制層級（見表 2-2）。

Markdown 語法 *2	效果
+ 無序項目	• **無序項目**
- 無序項目	• **無序項目**
* 無序項目	• **無序項目**
1. 有序項目	1. **有序項目**
2. 有序項目	2. **有序項目**
- [ ]　未勾選項目	☐ **未勾選項目**
- [X] 已勾選項目	☑ **已勾選項目**

表 2-2　Markdown 列表語法與效果比較

---

*2　在 Notion 中的勾選項目語法略有不同，僅支援以 [ ] 來表示未勾選項目。

3. 原則三：使用符號夾註來表示不同的格式（見表 2-3）。

Markdown 語法 [3]	效果
** 粗體 **	**粗體**
* 斜體 *	*斜體*
~~ 刪除線 ~~	~~刪除線~~
` 程式 ( 行內 )`	程式

表 2-3　Markdown 文字格式語法與效果比較

除了使用語法以外，Notion 也有提供各種快捷鍵，不論是在建立區塊或是調整格式的時候也可以節省很多時間（見表 2-4）。

區塊類型	Notion Markdown 語法	Notion 快捷鍵 （Win）	Notion 快捷鍵 （Mac）
各級標題	# + 空白鍵 ## + 空白鍵 ### + 空白鍵	Ctrl + Alt + 1 Ctrl + Alt + 2 Ctrl + Alt + 3	Cmd + Opt + 1 Cmd + Opt + 2 Cmd + Opt + 3
折疊列表	> + 空白鍵	Ctrl + Shift + 7	Cmd + Opt + 7
折疊標題	# + 空白鍵 + > + 空白鍵 ## + 空白鍵 + > + 空白鍵 ### + 空白鍵 + > + 空白鍵		
無序列表	+ / - / * + 空白鍵	Ctrl + Shift + 5	Cmd + Opt + 5
有序列表	1 / a / i + . + 空白鍵	Ctrl + Shift + 6	Cmd + Opt + 6
勾選列表	[ ] + 空白鍵		
粗體	** + 內容 + **	Ctrl + B	Cmd + B
斜體	* + 內容 + *	Ctrl + I	Cmd + I
底線		Ctrl + U	Cmd + U

---

[3]　在 Notion 中的刪除線略有不同，使用單一個波浪符號進行夾註。

區塊類型	Notion Markdown 語法	Notion 快捷鍵（Win）	Notion 快捷鍵（Mac）
刪除線	~ + 內容 + ~	Ctrl + Shift + S	Cmd + Shift + S
程式碼（行內）	` + 內容 + `	Ctrl + E	Cmd + E
程式碼區塊	```	Ctrl + Shift + 8	Cmd + Shift + 8
引言	' + 空白鍵		
頁面引用	[[+ 頁面名稱 +]]		

表 2-4　Notion 常用區塊語法與快捷鍵

Markdown 語法或快捷鍵的使用時機，根據每個人不同的習慣而定，你可以在平常使用 Notion 過程中多嘗試看看，摸索出最適合自己的方式。

▶ 調整區塊文字的顏色

在篇幅比較長的段落，如果整段都是相同的格式，除了看起來比較死板，可讀性也不足。因此不妨試著加入不同樣式來做出強調（見圖 2-27），這樣可以讓我們在更短的時間內掌握內容重點。

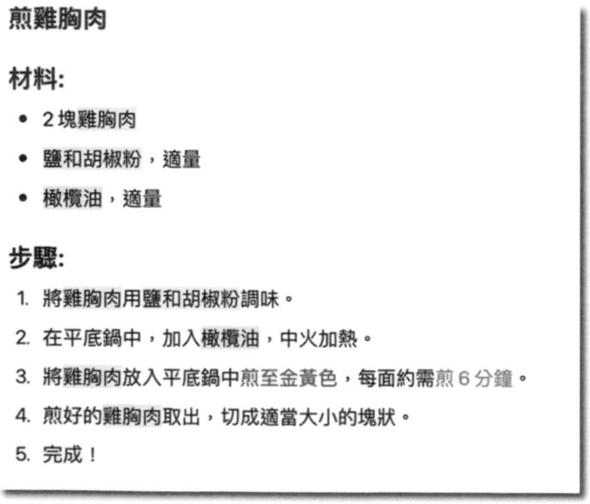

煎雞胸肉

材料：

- 2 塊雞胸肉
- 鹽和胡椒粉，適量
- 橄欖油，適量

步驟：

1. 將雞胸肉用鹽和胡椒粉調味。
2. 在平底鍋中，加入橄欖油，中火加熱。
3. 將雞胸肉放入平底鍋中煎至金黃色，每面約需煎 6 分鐘。
4. 煎好的雞胸肉取出，切成適當大小的塊狀。
5. 完成！

圖 2-27　更換文字的字體顏色和背景顏色

➤ 區塊的排版技巧

除了按照順序的將所有區塊放置在頁面中，我們有時候也會想要調整排版
來呈現不同的感覺。這個時候可以參考一些技巧，讓你的排版之路變得更
加輕鬆，如圖 2-28 所示：

- 放置區塊的時候，按照「標題」、「一般文字」、「進階區塊」的順序
  進行。

- 參考內容多用「折疊區塊」，重點內容善用「項目清單」。

- 要左右分割可以先建立「Column」區塊或是將區塊拖動到原本區塊
  旁邊。

- 可以在不同區塊的標題加上顏色背景，讓頁面視覺區分上更有秩序。

圖 2-28　在標題加上底色以區分內容

2.2 頁面

> 許多人剛開始接觸 Notion 時會覺得功能很多好像很複雜，但實際上你只要把它當作 Word 或是 Excel 就可以先開始上手了。

2.2.1 頁面的概念

如果說前面介紹的區塊是一個個最基礎的樂高積木，那麼頁面就是允許你把這些積木盡情組合呈現的畫布。在 Notion 中的頁面，既可以用來當作內容文字編輯和撰寫的區塊，也可以當作是資料夾，用來存放其他不同的頁面與資料庫。

打開 Notion，在最左側的欄位，我們可以看到該帳號底下的根目錄中有哪些頁面，如圖 2-29 左側所示。

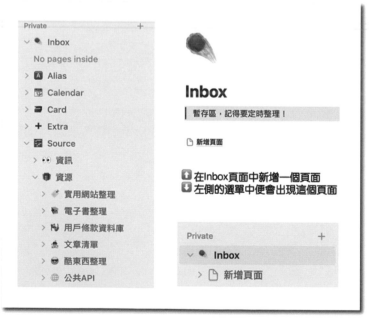

圖 2-29　個人頁面清單（圖左），新增頁面後變化（圖右）

當我們在其中的一個頁面新增了頁面（Page）或資料庫（Database）的時候，它便會顯示在上層頁面的清單中，如圖 2-29 右側。

2.2.2　頁面的結構

建立完一個空白的頁面之後，你會看到圖 2-30 的畫面：

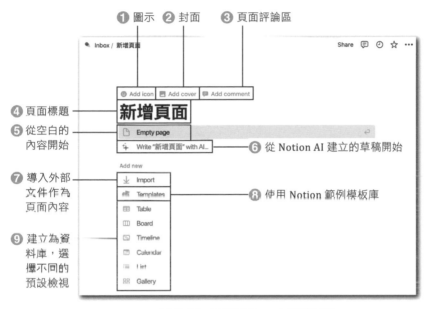

圖 2-30　頁面（Page）組成區塊

這些區塊分別是：

❶ 圖示：Notion 內建了精美的圖示庫以供我們使用，選擇一個合適的圖示可以讓我們在尋找內容時提供很大的幫助。

1. 按下「Add icon」後會隨機產生一個 Emoji。

2. 可以從預設的 Emoji、Icon 選擇，或上傳自己的圖片，如圖 2-31。

圖 2-31　三種不同的 Icon 類型

❷ **封面**：可以讓這個頁面顯得不要那麼單調。不同於圖示，封面只影響頁面內的顯示而已（或是畫廊模式的展示內容），如圖 2-32 我們可以分別：

1. 點選封面中的右下角「Reposition」以調整圖片的裁切區塊。

2. 點選封面中的右下角「Change Cover」以更換的不同的圖片。

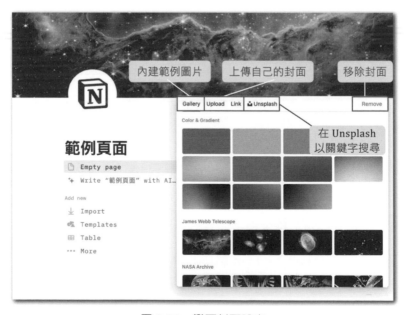

圖 2-32　變更封面設定

❸ **頁面評論區**：可以在不更動內容的情況下對這個頁面新增一些註記，通常可以是希望調整的方向、不理解的地方、待處理的內容、提醒某人或標記某個時間點，如圖 2-33。

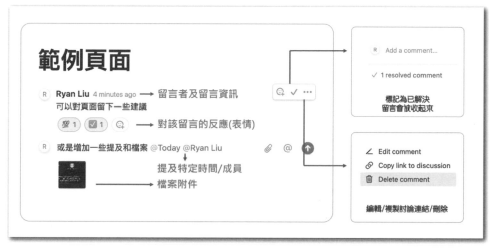

圖 2-33　頁面評論區

❹ **頁面標題**：頁面標題同時也會作為這個頁面的檔案名稱。

1. 搜尋時或是側邊欄顯示的都是跟隨此處的頁面標題的（見圖 2-34），因此如果這是需要經常使用的頁面，可以命名一個方便搜尋的名稱。

圖 2-34　頁面標題與路徑會同步

❺ 從空白的內容開始：顧名思義就是從完全空白的頁面開始建立你要的區塊。

❻ 從 Notion AI 建立的草稿開始：使用 Notion AI 來幫我們先寫一個草稿再進行調整，如圖 2-35。針對 Notion AI 產生的草稿內容，你可以手動調整或是讓 Notion AI 根據指示進行調整。

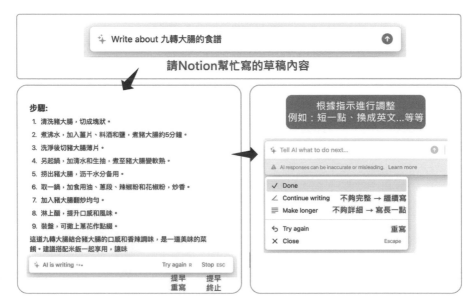

圖 2-35　從 Notion AI 建立內容

❼ **導入外部文件作為頁面內容**：以其他軟體製作儲存的內容，若格式支援則可以直接導入到頁面當中再做調整，如圖 2-36。

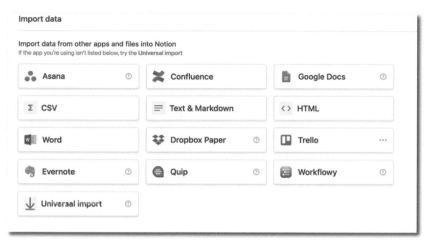

圖 2-36　Notion 支援的導入格式

❽ **使用 Notion 範例模板庫**：如果有想做的目的但不知道該如何在 Notion 中實現，不妨參考看看官方提供的模板庫吧，如圖 2-37。

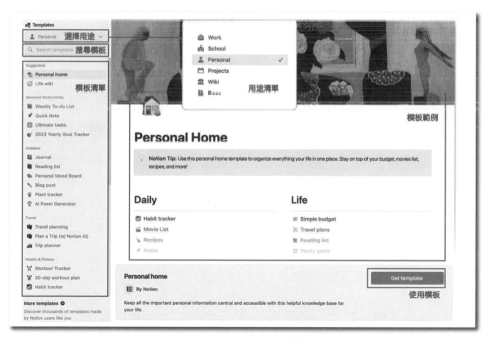

圖 2-37　Notion 範例模板庫

❾ **建立為資料庫，選擇不同的預設檢視**：使目前這份檔案不是作為頁面（Page）儲存，而是作為一個資料庫（Database）進行儲存，同時選擇不同的預設檢視模式。

　1. 檢視模式在後續都可以更改。

　2. 資料庫操作詳見第三章。

2.2.3　頁面的技巧與應用

在頁面編輯的時候，可以從右上角的按鈕 ⋯ 開啟進階的頁面功能選單，如圖 2-38 所示：

圖 2-38　開啟進階選單

如圖 2-39，這個選單中有許多可以調整頁面的功能。不過因為篇幅有限，所以會優先介紹一些在使用過程中特別實用的功能。

圖 2-39　進階選單內容

（由於選單長度過長，故本書以左右展開方式呈現）

❶ **調整頁面字體與寬度**：如果覺得預設提供的字體有點單調，可以在這邊進行調整──Notion 預設提供了 3 套不同的字體供我們使用，如圖 2-40。

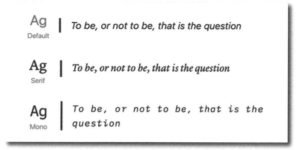

圖 2-40　三種字體比較

Notion 預設的版面是比較寬鬆的，但如果你希望在有限的篇幅內塞下更多東西時，可以勾選開啟：

1. Small text：讓這個頁面的字體縮小。

2. Full width：取消原本內文左右兩側的邊界限制，讓左右的版面可以變得寬。

❷ **鎖定頁面**：除了會持續需要記錄的頁面以外，我們有些 Notion 頁面會在建立完之後就很少進行更動。這時就可以開啟「Lock Page」來將頁面鎖定。被鎖定的頁面，其中的內容無法被直接刪除、所有的區塊都無法被拖動。這樣一來，我們就可以避免不小心動到不想改動的內容，等需要編輯的時候可以再按一次解除鎖定就好。

❸ **查看編輯記錄**：當我們對文件進行了許多編輯之後，發現還是覺得「當初的版本」比較好，這個時候就可以利用 Notion 定期對頁面提供版本快照的特性（見圖 2-41），從版本記錄中恢復到某個特定的時間點[4]。

---

*4　讀者必須留意，不同版本提供的頁面記錄長度是不同的，免費方案（Free）為7天、加強方案（Plus）為30天、商業方案（Business）為90天、企業方案（Enterprise）則是無期限。

圖 2-41　Notion 頁面歷史記錄

➤ 常見問題

Q：為什麼快照的時間間隔不同？多久會記錄一次？

A：當使用者正在編輯頁面時，每 10 分鐘會記錄一次。一旦停止編輯後的兩分鐘，也會建立一次快照。

2.3 管理架構

不論是整理資料或是記錄筆記，Notion 能幫助的都是在工具層面提供我們一些便利的協助而已。對於一個筆記是否具有價值，其內容往往是比形式更加重要的，因此要如何有效地使用工具撰寫與記錄更有價值的內容，可以在使用工具的時候參考一些相關的架構，讓我們的內容變得更有秩序。

在這個小節中，我會從文章內容的撰寫、Notion 中檔案與資料夾的管理兩個層面切入，介紹幾個好用的內容架構（見表 2-5）：

文章內容	資料夾管理
• BAR • STAR	• PARA • Johnny Decimal

表 2-5　Notion 中的常用架構

這些架構並不是唯一的答案，讀者可以在嘗試之後根據自己的需求進行選擇和調整。

2.3.1　內容架構（BAR / STAR）

➢ 適用場景

- 一份會議記錄

- 一個待辦任務

- 一個自我介紹

- 一份履歷

➤ BAR 原則

BAR 原則主要是將我們的內容分成：

- **Background（背景）**：去描述這個內容發生的背景脈絡。

- **Action（行動）**：在這個內容當中你主要做了什麼。

- **Result（結果）**：做完行動之後，得到了什麼結果或改變。

➤ STAR 原則

STAR 原則主要是將我們的內容分成：

- **Situation（情況）**：類似 BAR 原則中的背景，但可以更聚焦在為什麼要做這件事情上。

- **Task（任務）**：在這個內容當中有什麼需要做的具體目標。

- **Action（行動）**：這邊的行動和 BAR 有點不太一樣，但要切合上一步的 Task 當中的任務去撰寫。

- **Result（結果）**：和 BAR 類似，一樣著重在結果與改變。

➤ BAR 與 STAR 的差異

上面我們介紹的三階段的 BAR 與四階段的 STAR 原則，那具體來說這兩個原則使用上有什麼差異，或是我們應該如何挑選呢？

- BAR 原則比較適合用在快速的問題拆解或記錄。

  - 因為幾乎大多數的東西都可以拆解成這三個部分，且不太容易在三個部分之間有混淆。

  - BAR 原則主要著重在行動，可以用在快速回答一個問題或是記錄一個已經發生的事件。

- STAR 原則更加適合拆解複雜一些或需要協作的問題。

  - STAR 原則主要著重在任務，可以用在一個還在持續進行中的內容。

  - 劃分出多一個階段雖然可以更加具體，但也會需要花費比較多精力去做拆解。

2.3.2　檔案架構（PARA / Johnny Decimal）

➤ 最初的 PARA 概念

PARA 的概念最初是在 Forte Labs 上面被提出來的（見圖 2-42），將要整理的東西依照和執行程度的高低分成的四個分類：Projects、Areas、Resources、Archives。

- **Project（專案）**：目前正在執行中的計畫，通常會有明確的目標或期限。

- **Area（領域）**：根據自己的身份延伸出來的內容，通常是一些比較長期、沒有期限的內容。

- **Resource（資源）**：感興趣而收集的內容，或是存放一些參考資料。

- **Archive（封存）**：已經完成的專案或是不再重要的內容，使用封存而非刪除的方式避免未來可能需要重新找回。

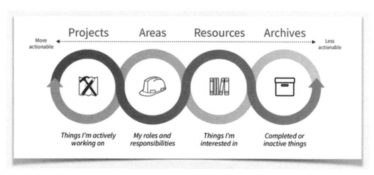

圖 2-42　PARA 概念

（資料來源：Forte Labs）

我們可以發現隨著當下執行程度的高低，這些區塊之間是可以清楚劃分且彼此關聯的：

- 越往左的區塊，其「可行動性」（Actionable）越高，反之則越低。

- 這是一個「動態」或「流動」的架構，隨著目標內容的行動程度變化，將它移動到不同的類別。

透過這樣的分類方式，我們就不必再因為「要如何界定內容的主題」而煩惱。並且透過對 Project 區塊的數量，也可以很直觀地衡量到目前的任務量。

▶ 在 Notion 中應用 PARA

原本 PARA 並不是專門針對 Notion 提出的，但是它因為可以被很好地用在 Notion 上而廣為人知。假設要用在 Notion 中，我們可以在原版的基礎之上再做 2 個小調整：

- **調整 1**：加入 Inbox 暫存區

  首先，有整齊的空間是一件很棒的事情，但同時也是非常理想化的，相信如果無時無刻都必須保持整齊，應該會是一件很有壓力的事情吧，這就和我們想要用工具來解放自己的腦力是背道而馳的。

  就像大家平常會把資料暫時堆在桌面一樣，在 Notion 中我們也會需要一個這樣的空間來暫時存放這些內容。但請還是要記得定期整理！

- **調整 2**：使用 Link 創造複數入口

  Notion 有一個很方便的功能，就是同一個頁面可以在多個地方都用到。因此只要使用 Link 功能，將主要的內容根據 PARA 原則放在 Area 與 Resource 這兩個區塊，同時在 Project 欄位底下透過引用的方式將當下最重要的內容提取出來持續檢視，並且還可以搭配 Filter 來建立不同的檢視模式（例如在每日記錄的資料庫裡面設定當日的 Filter）。

圖 2-43 Notion 中的 PARA 範例

➤ Johnny Decimal 的前身：杜威十進位圖書分類法

你是否也曾遇過這種情況——把要記錄的內容隨手放在一個地方，但當需要找回它的時候，卻花費了非常大量的時間才在一個很神奇（莫名）的角落找到它呢？如果有一個清晰的分類規則，可以讓你的資料可以被更加有秩序地整理好，你是否會想試看看呢？

說到資料的分類與整理最有條理的地方，莫過於**圖書館**了吧。不知道你有沒有特別注意過在圖書館找書的時候書籍的編號是怎麼來的嗎？其實一般都是透過這個名為**杜威十進位圖書分類法**的方式進行管理：

• 將所有的知識內容分成十大分類。

• 再於每個分類底下逐級添加更細節的分類條目，讓不論是任何類型的書籍都有辦法有一個位置可以放置。

設計 [編輯]

主條目：杜威十進位圖書分類法列表

杜威十進位圖書分類法依據學科或學問領域來組織圖書館的館藏。主要的領域包含哲學、社會科學、自然科學、科技與歷史。這些領域組成該分類中的十大分類，每個分類下設10個次分類。杜威分類的最大特色為採用阿拉伯數字，由3個整數組成，分別代表主分類、次分類及含小數點的細項分類。該分類結構屬分層結構，每層數字都遵循相同的層級。如果圖書館不需要非常詳細完整的分類層級，則可以縮減最小單位層級的數字來取得更通用的分類[2]。舉例來說：

500 自然科學與數學（總論）

510 數學

516 幾何

516.3 分析幾何

516.37 度量微分幾何

516.375 芬斯勒幾何

圖 2-44 杜威十進位圖書分類法

（資料來源：維基百科）

杜威十進位分類法是一個非常有條理的分類方法，但依然有一些不夠易用的點：

- 要建立合適、完整分類是很花費心力的，尤其到越細的分支越難進行定義。

- 其提供的預設分類列表是以圖書類別為主，並不是為了個人資料管理而設計。

因此由 Johnny Noble 在 2010 年提出了「Johnny Decimal[*5]」這個系統，它將分類方法改調整成了更加適合資料管理的模式。

- 僅使用 2 層的類別，在保有類別秩序的同時避免了分類層級太深的問題。

- 提出了元類別的概念，在記錄分類內容以外還記錄分類規則，方便後續的檢查與調整。

---

*5　Johnny Decimal系統：https://johnnydecimal.com。

▶ 在 Notion 中應用 Johnny Decimal

那麼我們就來看看要如何在 Notion 中使用 Johnny Decimal：

1. **原則一**：將所有事情 / 資料分成數個大分類

   如同杜威十進位分類法將所有的知識內容劃分成 10 大分類一樣，我們也可以將所有我們生活中的各種面向去分成數個分類（分類不一定得是 10 個，以盡量滿足 MECE[*6] 原則為主）。每一個分類的類型都對應我們編號的十位的數值，例如：學習（20 ~ 29），工作（30 ~ 39）……等。

2. **原則二**：在每個大分類下針對該類別做調整，製作小分類

   有了十位數之後，剩下的就是在個位數去對這個大分類做細節的劃分，例如：雖然都是學習，但不同場景或是渠道的學習應該分開、雖然都是工作，但是不同性質的內容也可以區分開來。

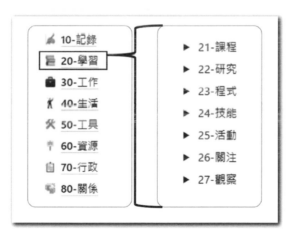

圖 2-45　Johnny Decimal 分類範例

---

*6　MECE：Mutually Exclusive Collectively Exhaustive，中文意思為「相互獨立，完全窮盡」。

3. 原則三：每個 10 的倍數的分類用來記錄該分類的元資料（Metadata）

   1. 對於一般資料的分類號碼，例如 11、23、66……等

      - 在劃分好該分類之後，將該分類的內容依照不同的計畫放置於此。

   2. 對於 10 的倍數的分類號碼，例如 10、20、30……等

      - 以 20 為例，記錄關於 21~29 當中的分類原則及規劃（要清楚明確地寫出來，日後自己在分類時才不會無跡可尋）。

   3. 對於 00 等數字

      - 記錄整個最大的分類邏輯和規劃方式，例如 10、20……等的內容或是分類原則。

   4. 所有的資料只會儲存在非元資料的編號中，而元資料類別則儲存所有該類別的分類規則與規劃。

4. 原則四：單一分類下子編碼方式可以採用序號或日期

   在進行完分類之後，我們同一個類別可能還是會有希望繼續分類的需求，不過這個時候就不是「必須要建立一個完整規則」的情況，因此我們可以採用以下兩種不同的編號方式來進行劃分：

   1. 使用數字編號

      - 好處：基本上不會用完所有的編號。

      - 壞處：單看子編號沒有額外的資訊獲得，有比較長時間需求的任務時會比較麻煩。

      - 範例：`21-001`、`35-010`、`77-023`……等。

2. 使用日期編號

- 好處：具有強烈的時間標記屬性。

- 壞處：對於時間跨度比較大的時候會比較不方便。

- 範例：`21-230920`、`35-221010`……等。

根據不同的分類情境，我們可以使用不同的子類別編號方式。但對於同一個子類別下的編號方式，要盡量維持相同（例如 21-001 和 21-231210 不應該同時出現在 21 這個分類底下）。

CHAPTER

3

Notion 資料管理

如果説頁面是一個畫布，任由我們用不同的元素組合出一片景色。
那麼資料庫就是一個個抽屜，幫助我們把重複類似的東西分類整理。

本章重點

3.1 資料庫

3.1.1 資料庫是什麼？

資料庫可以說是構成 Notion 這款產品最核心的基礎功能了，它可以讓我們輕鬆地整理和管理各種資料，並存放和整理各種素材，例如筆記、數量、狀態、標籤、檔案、日期……等。除此之外，資料庫的功能也不僅限於儲存資料，還可以透過各種欄位類型和檢視模式，讓同樣的資料可以組合出不同的呈現方式，實現資源利用的最大化！

圖 3-1　以不同檢視模式查看的相同資料庫

3.1.2 資料庫的結構介紹

因為資料庫搭配的功能更加豐富，因此畫面上的各區域內容也多了起來（見圖 3-2），其實一一釐清之後會發現並不複雜。

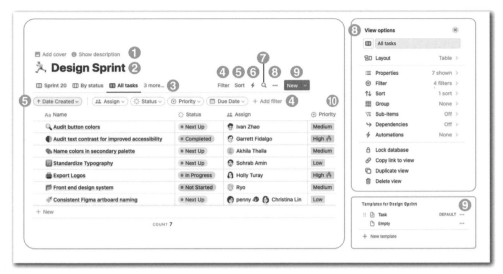

圖 3-2　資料庫結構介紹

❶ **封面與說明**：封面部分和頁面的一樣，而說明則是點開之後可以用來記錄這個資料庫的用途等。

❷ **圖示與標題**：同頁面效果，這個名稱也會被當成這個資料庫的路徑名稱。

❸ **視角選單**：這邊會放置此資料庫所建立的所有檢視模式（3.3 節會進行詳細介紹）。

❹ **篩選器（Filter）**：可以用來篩選要顯示的資料（詳細內容請見 3.4.1 節）。

❺ **排序（Sort）**：設定頁面資料的顯示順序（詳細內容請見 3.4.2 節）。

❻ **自動化（Automation ⚡）**：當新增或修改資料的時候，要自動執行的操作（詳細內容請見第 4 章）。

❼ **搜尋（Search 🔍）**：在此資料庫中搜尋結果。

❽ **內容區塊**：整理資料庫的各功能於同一個選單中，其中比較常用到的是透過「Properties」（屬性）來調整這個頁面要顯示的欄位有哪些。

⑨ **新增資料**：可以點選「New」新增一筆資料，或是展開右側的選單以特定的模板建立資料（詳細內容請見 3.4.3 節）。

⑩ **資料庫內容**：根據選擇的檢視模式 + 篩選器 + 排序的結果，對應的資料顯示的區塊。

3.1.3　資料庫頁面

如果只看到上面表格欄位的功能，你可能會覺得和 Excel 之類的試算表沒什麼差別。Notion 的資料庫之所以很厲害，是在於它的每一筆資料除了可以包含各種屬性的欄位值以外，還都可以再附帶一個可以完整編輯內容的頁面，讓我們可以同時享有不同的記錄方式。

如圖 3-3，要開啟資料的頁面，在該筆資料按下「Open」則可以將它開啟（預設在右側分割畫面，可以調整設定）。

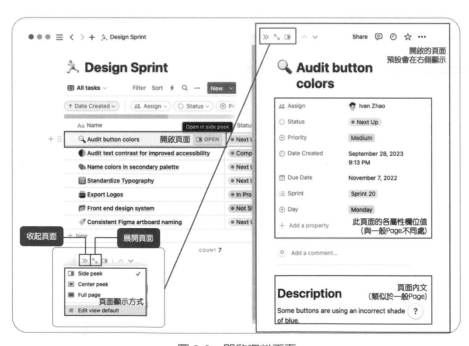

圖 3-3　開啟資料頁面

若是覺得在編輯資料頁面的時候，顯示的欄位屬性值太多，我們可以將它隱藏起來。如圖 3-4，對著你要調整的欄位左側六個點點 ⠿ 按下去展開選單，便可以調整欄位什麼時候要顯示了，被隱藏的欄位只是不會顯示頁面上，其中保存的值仍然是在的。

圖 3-4　調整欄位顯示設定

 ## 3.2 資料庫的欄位類型介紹

如同區塊在頁面中具有唯一的類型，每一個欄位在資料庫中的也只會有一個類型。因此若想要有效使用 Notion 資料庫，必須對這些欄位有足夠的認識才行。雖然 Notion 提供了快三十種欄位類型，不過我可以大致將它們整理成幾個類型（如圖 3-5）：

1. **基本欄位**：最常用到的欄位，建議每一個都需要認識。

2. **進階欄位**：在部分情況可以用到的欄位，對特定需求會有幫助。

3. **特殊格式欄位**：網址、電話、信箱等具有特殊格式與意義的內容。

4. **自動產生欄位**：無法修改，是建立或修改這筆記錄的時候自動由系統產生的。

5. **資料庫關聯欄位**：建立資料庫與資料庫之間的關聯，並將關聯結果彙總（詳細內容請見第 4 章）。

6. **Notion AI 欄位**：以 Notion AI 生成的欄位內容，根據來源和生成方式的不同，可以分成幾種不同的差別（詳細內容請見第 4 章）。

7. **第三方應用欄位**：Notion 內建的第三方應用欄位，只要登入對應的帳號就可以連動相關資料。目前支援 Google Drive、GitHub、Figma 等。

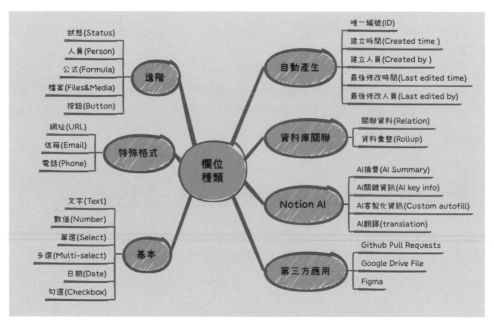

圖 3-5　資料庫欄位種類

因篇幅有限，無法一一介紹所有欄位類型，因此本章節會以最常用到的幾個類型進行介紹。

3.2.1　Text（文字）

如圖 3-6，文字欄位允許我們輸入一些需要批量檢視的文本內容，注意這邊的內容與資料頁面中的內容不同，頁面內文的區塊並不會顯示於此。

常見文字欄位儲存資料：筆記重點、任務名稱、備註。

圖 3-6　文字欄位（Text）範例

多行文字的截斷控制

在文字欄位中，如果文字太長的話，該欄位會自動換行變得很長。如果希望調整它是否要顯示全部的內容，可以透過該欄位的「Wrap Column」來控制是否需要換行顯示或是進行截斷。

圖 3-7　多行文字的截斷處理

3.2.2　Number（數值）

如圖 3-9，數值欄位用於儲存各種不同的數字資料，例如我們可以使用數值欄位來追蹤預算、成績或其他需要數字的資訊。

常見數值欄位儲存資料有：**金額、分數、計數**。

如圖 3-8，數值欄位也可以選擇選擇要以一般數值或是用進度條 / 進度環的方式來呈現。

圖 3-8　調整數值欄位顯示方式

# 一般數值	# 設定顯示級距	# 級距可以調整樣式和最大值	# 設定金額單位	# 設定百分比
1.2	1 ○	40 ▬▬▬	NT$10.00	100%
200	3 ○	75 ▬▬▬▬▬	NT$25.00	20%
5	5 ○	100 ▬▬▬▬▬▬	NT$22.30	55%

圖 3-9　數值欄位（Number）範例

> ⏰ **注意**
>
> 在數值欄位中，不會區分整數或小數，而且非數值的內容會被省略。例如輸入「1.2 元」，會被自動省略文字後變成「1.2」進行儲存。

小技巧

使用科學記號快速輸入

如果今天我們需要輸入 10000 或是 0.00001，試著直接輸入 1e4 或 1e-5，就可以快速幫我們轉換成對應的數值。

這邊的 1e4 表示 10^4（即 1 後面 4 個 0），而 1e-5 表示 10^{-5}（表示小數點後第 5 位為 1）

3.2.3 Select（單選選項）

單選選項欄位允許我們設定一個選項列表，並使用此欄位來分類資料、指定任務優先級或其他需要單一選擇的場景。

常見單選選項欄位儲存資料有：分類、優先度、狀態。

⊙ 分類	⊙ 優先度	⊙ 狀態
淺培	★★★	處理中
中培	★★★★	完成
深培	★★★★★	規劃中

圖 3-10　單選欄位（Select）範例

▌ 小提示：在 Select 中，選擇完選項之後選單**就會**自動關閉。

3.2.4 Multi-Select（多選選項）

多選選項欄位與單選選項類似，但允許我們為同一筆資料選擇多個選項，這對於需要多重標籤或分類的資料非常有用。

常見多選選項欄位儲存資料：**標籤、技能、興趣。**

圖 3-11　多選欄位（Multi-Select）範例

▌ 小提示：在 Multi-Select 中，選擇完之後選單不**會**自動關閉。

小技巧

快速建立 Multi-Select 類型資料

有些時候我們需要快速導入具有標籤（Tag）的資料，但如果一個一個手動添加會比較麻煩，因此我們可以透過先在 Text 格式中輸入標籤（以逗號分割），再將欄位轉換成 Multi-Select 格式就可以快速完成建立。

☰ 轉換前-文字	☰ 轉換後-標籤
運動,旅遊	運動　旅遊
旅遊,美食	旅遊　美食
藝術,美食,音樂	藝術　美食　音樂

圖 3-12　快速建立多選資料

3.2.5　Date（時間）

日期欄位可以儲存一個具體日期或日期範圍，對於追蹤任務截止日期、事件或其他時間相關的資訊非常實用。

常見日期欄位儲存資料有：**截止日期、事件日期、預計完成時間。**

📅 日期	📅 調整格式
June 5, 2023 12:00 AM	2023/06/05 12:00 AM
June 4, 2023 → June 4, 2023	2023/06/04 → 2023/06/05
June 3, 2023	2023/06/03

圖 3-13　日期欄位（Date）範例

3.2.6　Status（進度）

進度欄位可以用來追蹤項目的狀態或進度，預設提供了我們三個進度群組分別為「To-do」、「In Progress」、「Complete」，而在每一個群組下可以設定一個或多個該進度的種類。

常見進度欄位儲存資料有：**任務狀態、項目進度、審核狀態。**

> Status 欄位是在 2022 年才推出的，因此一些比較舊的 Notion 教學中並不會介紹它。

圖 3-14　狀態欄位（Status）範例

3.2.7　自動建立欄位

在 Notion 資料庫中包含了一些自動記錄的欄位：

- **唯一編號（ID）**

  - 在這個資料庫中建立的第幾筆資料，在刪除資料後對應的編號**不會移除**，可以添加自訂的前綴。

- **建立時間（Created time）/ 建立人員（Created by）**

  - 在將該筆資料加入到資料庫時候會自動產生的屬性，若是以 API 等方式建立的資料也會標記在上面。

- **最後修改時間（Last edited time）/ 最後修改人員（Last edited by）**

  - 當有人編輯該筆資料或頁面內容或會自動變化，如圖 3-15。

№ ID	② Created by	③ Last edited time	③ Created time
PAY-1215	siri捷徑	2023/09/28 21:39	2023/09/28 21:39
PAY-1243	siri捷徑	2023/09/28 12:21	2023/09/28 12:21
PAY-2201	siri捷徑	2023/09/27 14:01	2023/09/27 14:01
PAY-2086	siri捷徑	2023/09/27 12:02	2023/09/27 12:02
PAY-793	R Ryan Liu	2023/09/26 12:51	2023/09/26 12:50
PAY-3210	R Ryan Liu	2023/09/26 12:49	2023/09/26 12:49

圖 3-15　自動編輯欄位範例

這些欄位都會跟隨資料的建立和修改自動變化，善用這些欄位可以幫助我們更方便地記錄資料的狀態，例如可以透過最後修改時間。

3.3 資料庫的檢視模式介紹

在 Notion 中,我們可以用不同的檢視模式(View)來查看同一個資料庫,其中包含六個不同的模式:

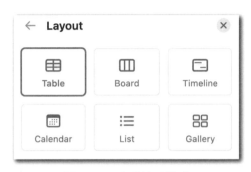

圖 3-16 六種檢視模式

- Table View

  - 表格模式

  - 最基本的模式,適合記錄事項和詳細查看不同欄位或計算

- Board View

  - 看板模式

  - 方便移動,適合用來追蹤進度等狀態欄位

- Timeline View

  - 時間線模式

  - 可以建立前後依賴關係,作為甘特圖使用

- Calendar View

  - 日曆模式

  - 雖然叫日曆模式，但其實是以月曆或週曆的方式進行顯示，可以一次看到時間欄位在同一個月 / 星期內不同日期的內容

- List View

  - 清單模式

  - 簡單條列，適合不想要版面太複雜的檢視方式

- Gallery View

  - 畫廊模式

  - 會顯示內容圖片的縮略圖或是文章摘要，適合整理展示

3.3.1　Table View —— 檢視資料最基本的模式

Table View（表格檢視）是一個最簡單直觀的檢視模式，其顯示資料的形式跟 Excel 很像，我們可以在此模式下輕鬆編輯、排序和篩選資料。

圖 3-17　Table View

- **模式優點**：資訊密度高、可以詳細查看不同欄位、方便計算欄位結果。

- **應用場景**：資料清單、項目管理、財務報表。

➤ 橫向可以新增欄位

我們可以透過橫向繼續新增不同的欄位屬性。而對於每個欄位，我們也可以根據自己的需求進行隱藏或是刪除，如圖 3-18。

圖 3-18　隱藏或刪除欄位

➤ 縱向可以新增資料

如圖 3-19，在縱向部分就是我們不同筆的資料，其中可以根據需求選擇要新增在中間或是資料庫最底下的部分，並且可以點擊 ⠿ 進行拖動。

圖 3-19　新增資料的位置

➤ 計算不同欄位的統計值

如圖 3-20，針對不同的欄位類型，Notion 也很貼心地提供了不同計算函數給我們選用。

圖 3-20　Notion 欄位可以計算類型

常見的分別有：

- **Count**：計算有幾筆數量。

- **Count Unique**：計算有幾個不同的類型（即不重複計算）。

- **Sum**：計算價錢總花費。

- **Range**：查看日期範圍。

3.3.2　Board View —— 用拖動修改狀態

Board View（看板檢視）將資料以卡片形式顯示在不同的區塊中，讓我們可以根據進度或其他分類條件將卡片拖放到不同的其他區塊。

- **模式優點**：方便在不同群組間拖動卡片、可以快速對照比較不同群組的數量。

- **應用場景**：看板管理法（Kanban）、敏捷開發、工作流程追蹤。

➤ Board View 適合用來管理分類

Board 本身是一個非常適合管理分類的模式。只要選好一個分類，一字排開之後，可以清除看出各個分類有什麼資料。比起 Table View 來說可以**更方便進行類別之間的對比**。

圖 3-21　Board View 用在分類管理

小技巧

在 Board View 計算分組特徵值

我們之前有講過，Notion 可以幫助我們計算同一個欄位的數量 / 總和 / 範圍等值，當我們在 Board View 的時候，也可以使用計算值來幫助我們快速比較不同的類別。

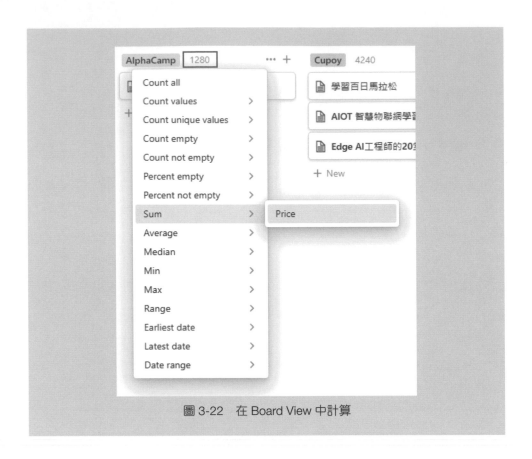

圖 3-22　在 Board View 中計算

▶ 使用 Board View 來管理任務

一個任務或待辦事項，從被建立到被完成（或捨棄），基本上都是**一個單向的過程**。因此當我們把這個單向的過程用 Board View 來展示時，就能產生一個**非常直觀的視覺化圖表**，方便我們掌握任務進度。

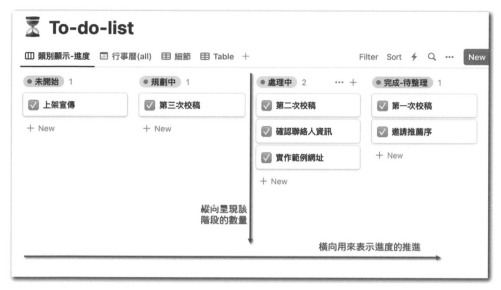

圖 3-23　將 Board View 用在分類管理

▶ 橫向的進度比較

我習慣把完成度從低到高依序從左排到右，這樣當我們在逐步完成任務的過程中，就可以透過感受到它被推進而產生**滿足感**，讓我們更有動力維持工作效率。

▶ 縱向的數量感受

當然，我們不是隨時都能保持在非常高效率的狀態。因此當我們意識到某個階段累積太多任務而卡住時，就應該要回頭檢視是否需要調整哪邊的狀態，或是清理哪些任務的時候了！

小技巧

善用隱藏，讓把已經不重要的任務收起來

通常完成一項任務後，我們就應該要讓它從眼前最顯眼的地方消失，但只是單純把任務拖到完成的進度並不能讓版面上的卡片減少。

因此我們可以透過 Filter 設定一個封存的欄位，當勾選之後就讓它在這個頁面隱藏，如此版面就會乾淨許多！

圖 3-24　加入封存欄位

注意

除非必要，否則別分太細

通常剛開始做項目或進度管理的讀者都會有一個共同點，就是希望把進度階段劃分地非常仔細，但當我們劃分太細的時候，一方面會增加需要更新移動的精力成本，另一方面是歸類進度時需要消耗腦力，這樣反而和我們希望讓自己比較輕鬆的目的是背道而馳的，因此「**除非真的有必要，否則進度階段不要分太細**」。

同時要定期回來檢視各個項目的進度情況並進行調整，才能讓進度管理真的發揮作用。

3.3.3 Calendar View —— 把資料放在日曆上

前面我們提到了在整理資料的過程中，對於**分類優先**或是**進度優先**的資料適合用 Board View 進行管理。而有些時候資料比起進度，我們更在乎它在一段**時間分佈上的呈現**或是我們需要**調整時間**，這個時候就很適合使用 Calendar View 來管理。

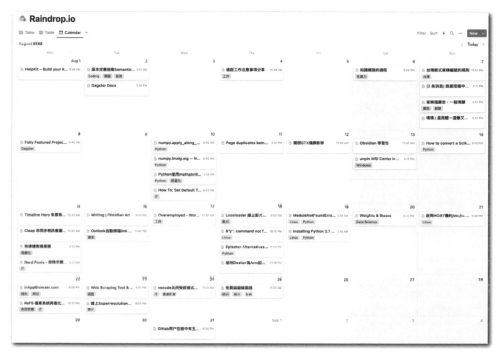

圖 3-25　Calendar View

- **模式優點**：可以將目標的資料庫以時間跨度的方式呈現，而且方便我們在不同的日期進行拖拉調整。

- **應用場景**：日誌整理、上課課表、會議記錄、待辦事項。

➤ 要有時間類型的欄位才能使用日曆模式

在日曆模式下，必須要有時間類型的欄位，一般來說有以下幾種方式：

- 人工設定的 Date 類型。

- 自動產生的 Created time（建立時間）。

- 自動產生的 Modified time（修改時間）。

➤ 日曆模式模式可以切換月 / 週檢視

而對於不同的使用場景，也可以根據需求來切換一次要顯示**一整個月範圍**或是**一個星期**的範圍（見圖 3-26、3-27）。

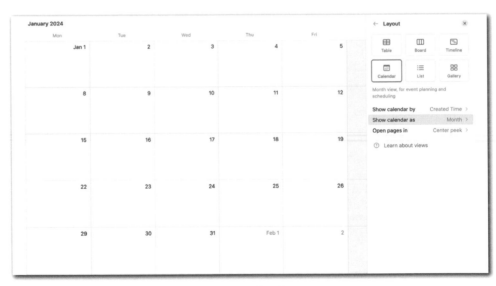

圖 3-26　按月檢視

圖 3-27　按週檢視

⏰ **注意**

定期清理沒有日期的資料

如果我們使用的是手動的 Date 類型，但有些資料並沒有填入日期值的話就不會出現在日曆上，而是會出現在右上角的 No Date 地方。

因此如果看到這邊出現了不是 0 的數字，記得檢查去補上對應的日期值或是使用 Filter 進行過濾，才能維持良好的整理效率唷！

圖 3-28　尋找無日期的資料

3.3.4　Timeline View ── 時間軸上查看狀態

Timeline View（時間軸檢視）將資料以時間軸形式展示，讓我們能夠直觀地查看項目或任務的時間分佈，同時也可以結合上前後依賴關係做出甘特圖的效果。

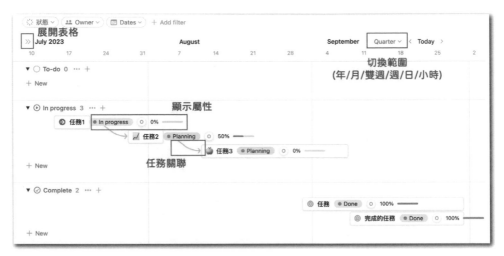

圖 3-29　Timeline View

- **模式優點**：比較不同項目在時間上的分佈。

- **應用場景**：專案排程、活動日程、產品開發路線圖。

3.3.5　Gallery View —— 將資料以漂亮的面貌展示出來

Gallery View（畫廊檢視）是將資料以卡片形式展示在一個網格中，適合用於整理展示圖片、設計稿或其他視覺資料，會顯示內容圖片的縮略圖或是文章摘要，是一個超適合整理展示的模式。

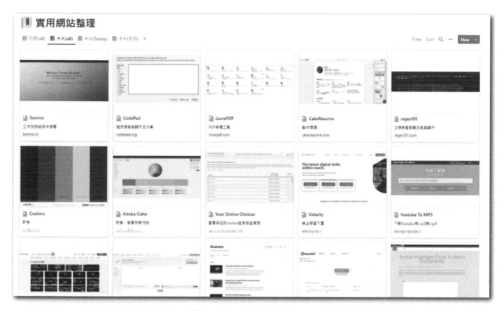

圖 3-30　Gallery View

- **模式優點**：方便以圖片用來尋找資料，外型好看、適合用於展示。

- **應用場景**：圖片庫、設計稿展示、產品目錄。

➤ 畫廊模式基礎設定

在 View 的設定部分，我們主要有以下幾個地方可以設定：

- **Card Preview**：每張卡片的預覽縮圖，這邊可以選擇頁面封面（Page Cover，即展示每個頁面的封面圖）或是頁面內容（Page Content，即展示每個頁面內容中的第一張圖片），一般建議選擇 Page Content 比較方便。

- **Card Size**：可以調整卡片的顯示大小，一共有三種尺寸可以調整。

- **Fit Image**：可以調整圖片顯示要縮放還是裁切，這個可以視個人美感而定。

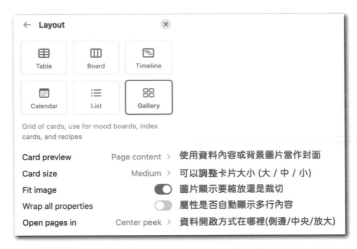

圖 3-31　畫廊模式設定

▶ 如何決定建立的是圖片卡片還是文字卡片

記住一個大原則：如果你設定的是 Page Content，Notion 會取用你的第一個非特殊區塊作為卡片類型：

❶ 如果第一個區塊是圖片，就會顯示圖片的卡片。

❷ 如果第一個區塊是特殊區塊（例如程式碼、檔案⋯⋯），則會被跳過直接取用下一個區塊的內容。

❸ 如果第一個區塊是文字，就會顯示文字內容的卡片，並且會合併顯示後面文字區塊的內容。

❹ 如果第一個區塊是圖片，就算是非常小的圖片，也會視為圖片類型的卡片。

圖 3-32　畫廊模式顯示內容情況比較

3.4 資料庫的輔助功能介紹

除了「用不同的檢視模式查看資料」這個優點，讓 Notion 的資料庫變得如此強大的另一個原因，就是它可以搭配超多不同的輔助功能，以下將一一進行介紹。

3.4.1 Filter —— 去蕪存菁的利器

Filter（篩選器）功能可以幫助我們根據設定的條件篩選資料。

隨著我們在資料庫中添加的資料越來越多，我們可以使用 Filter 對資料進行快速過濾，讓我們只看想要看的資料。

➤ 如何建立 Filter

我們可以從資料庫的檢視模式中，在你要加入篩選器的視角選擇「Edit view」，如圖 3-33。

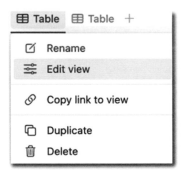

圖 3-33　開啟視角編輯選單

在右側跳出來的選項中，點選「Filter」後選擇要加入條件的欄位（之後可以調整），如圖 3-34。

圖 3-34　選擇要過濾的條件欄位

根據不同的變數類型，我們可以設定不同的條件進行篩選，例如：

- 日期在某個區間

- 數值大於 / 小於某個值

- 多選包含什麼 Tag

- 單選是什麼類型

- 文字包含 / 不包含某些內容

▶ 套用多個 Filter

針對比較複雜的情況，我們還可以對這些條件進行組合，其中：

- AND 表示需要**同時滿足的條件**

- OR 表示合併**至少要滿足一個的條件**

假設我們想要查看 2023 年前三個月的飲食花費記錄，以圖 3-35 為例，可以設定：

- Date 欄位的開始日期[*1] 在 2023/01/01 之後，並且

- Date 欄位的開始日期在 2023/03/31 之前，並且

- 分類欄位屬於飲食

圖 3-35　設定篩選類別

這樣我們就透過設定幾個條件的交集，取得了 2023 年第一季的飲食花費資料。

圖 3-36　分類是飲食，並且日期是 2023 年第一季的資料

[*1]　在 Notion 中，如果日期欄位只有一個時間點，則只會有 Start date。若為一段區間，則會同時有 Start date 和 End date 表示始末。

小技巧

利用 Filter 設定資料預設值

當我們在某個檢視模式下新增一個 Filter 後，我們在這個檢視模式下所新增的新資料都會是符合規則的資料。

舉例來說，如果我們加入了一個「分類 is 飲食」的篩選器，此時我們新增一筆資料，它的分類欄位就會預先填好飲食的值。這個技巧對於需要批量加入具有相同屬性的資料是很有幫助的。

3.4.2 Sort —— 保持資料的秩序

Sort（排序）功能可以幫助我們根據設定的條件對資料由小到大 / 由大到小進行排序。

有些時候就算使用了 Filter 來將資料進行初步的篩選，可能還是會覺得不夠整齊，這個時候就可以使用 Sort 來排列資料。

在建立排序的時候，我們一樣要選擇類別，並且可以選擇排序的順序：

- **Descending**：遞減排序，將對應欄位由最大排到最小。

- **Ascending**：遞增排序，將對應欄位由最小排到最大。

例如當我們想要查看 2023 年第一季飲食花費中，從最貴到最便宜的花費分別有哪些，就可以設定花費為遞減排序，如圖 3-37。

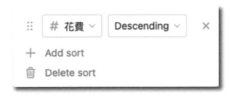

圖 3-37　設定排序規則為 Descending（遞減排序）

如此一來，便可以協助我們將這段期間內花費最高的項目快速提取出來進行檢視，如圖 3-38。

Aa Name	# 花費	📅 Date	⊙ 分類	⊙ 細項
🍖 晚餐燒肉	660	2023/02/24	飲食	晚餐
🍖 晚餐八二	350	2023/03/09	飲食	晚餐
🍜 午餐兔子	319	2023/02/12	飲食	午餐
🍖 晚餐	310	2023/02/28	飲食	晚餐
🍜 午餐沐嵐拉麵	300	2023/03/15	飲食	午餐
晚餐	280	2023/01/29	飲食	晚餐
🍖 晚餐204寢聚	260	2023/02/14	飲食	晚餐
晚餐	260	2023/01/26	飲食	晚餐
COUNT 164	SUM 22492	RANGE 2.9 months		

圖 3-38 依照花費金額排序的 2023 年第一季的飲食花費

而排序和篩選一樣，也可以同時使用多個規則。在有多個規則的時候，會依序用每一條規則進行排序，當前一條規則對應的欄位值相同的時候，順序會由下一條規則決定。

舉例來說，在圖 3-39 的排序規則中，會預先按照花費進行遞減排序，若花費的值相同，再按照 Date 進行遞增排序。

圖 3-39 使用多個排序規則

3.4.3　Template —— 方便建立重複資料

在 Notion 資料庫中添加新的一筆記錄時，如果每次都要從頭輸入所有內容，那就失去了用工具幫我們節省心力的目的。因此對於需要經常重複輸入的欄位值或是內容，我們可以使用 Template（模板）[2] 來建立。

如圖 3-40，我們可以從資料庫右上角的「New」旁邊的箭頭開啟此資料庫的模板清單（不同資料庫之間的模板是互相獨立的），我們可以選擇要使用的模板，或是點擊「New Template」建立一個新的模板。

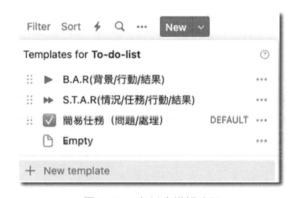

圖 3-40　資料庫模板清單

當我們編輯一個模板的時候，會跳出一個類似新增頁面的區塊（見圖 3-41），不過上面會有提示「You're editing a template in...」表示我們正在編輯的是模板而非一般的內容。

---

[2]　有時候大家使用「模板」一詞，是指其他人建立好的範本，此處是專指Notion資料庫中的功能。

圖 3-41　模板編輯畫面

在模板中我們有一些可以事先建立好的內容，包含：

❶ 圖示：套用模板時，原本該筆資料的圖示會被覆蓋掉。

❷ 標題：若原本資料沒有標題，套用模板後會以此為標題。此區域同時也會作為模板名稱使用。

❸ 欄位值：可以設定想要在哪些欄位預先填入值。但套用模板時，若原本資料的對應欄位沒有值，會被取代成模板的值。若原本資料已經有值的欄位，則不會被取代。

❹ 動態時間：對於時間日期的欄位，除了填入固定時間以外，還可以根據套用模板的時候的時間點填入到日期（Today）或時間（Now）。

❺ 內文：如同一般的頁面，可以自由在裡面編輯不同的區塊，也可以在裡面塞入行內資料庫做更複雜的關聯。

▶ 修改預設值與自動建立

建立好模板之後，如果我們此資料庫大多數內容都是以某個模板作為開始，那麼可以將該模板選擇「Set as default」設定成預設的模板。

此外也可以使用「Repeat」來設定資料庫是否要自動在對應的時間去使用這個模板建立資料（見圖 3-42），這樣可以省下我們必須在固定週期重複記錄的心力。

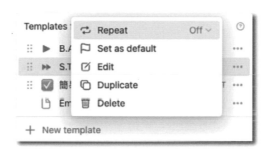

圖 3-42　修改模板設定

3.4.4　Group —— 物以類聚，維度提升

能夠從不同的角度去檢視同一筆資料，這樣的功能可以讓我們高效率地活用記錄的資料，但有些時候我們想要用「同一個檢視模式」比較「不同組別的資料」的時候，就可以用到 Notion 資料庫的群組（Group）功能。

以圖 3-43 為例，當我們在表格模式設定以「重要性」進行群組彙整之後，可以發現我們從原本的一個表格，變成是每個重要性的值（High / Medium / Low）都有一個表格。

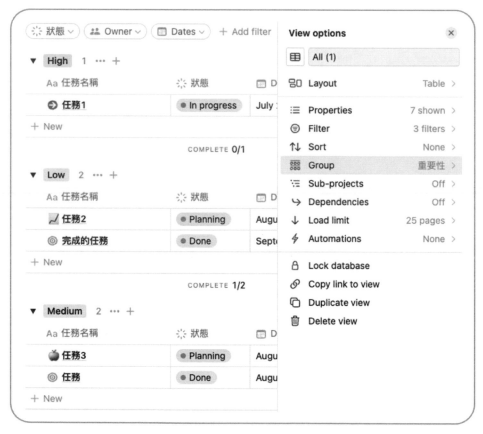

圖 3-43　在表格模式使用群組（Group）

如果你有觀察我們在 3.3.2 節使用的看板模式（Board View），應該會發現看板模式預設就有一個「Group」設定才能顯示。若我們想在看板模式中再進行分組，可以透過「Sub-group」進行設定。如圖 3-44，我們在檢視畫面中可以得到：

- 沿著左右展開的 Group 欄位，顯示每個工作的進度。

- 根據不同值沿著上下展開的 Sub-group 欄位，顯示每個工作的重要性。

- 在每個 Group / Sub-group 交叉對應的地方，可以再存放多筆不同的資料。

這也相當於我們在一個二維平面的畫面中，同時顯示了三個不同的維度的資料，這對於複雜資料的管理是很有用的！

圖 3-44　在看板模式中使用群組（Group）

3.4.5　Linked View —— 重複利用，多方整合

Notion 中的資料庫，依照內容的不同可以分成兩種：

- **原始資料庫**：資料庫真實儲存於此，刪除後資料庫會消失。

- **連動資料庫**：僅為其他原始資料庫的檢視模式，刪除後原始資料庫不會
  消失。

這就像是「Windows 中的捷徑」或是「macOS 中的製作替身」一樣，我
們可以把一個原始資料庫根據需求在多個不同的地方製作它的分身（見圖
3-45）：

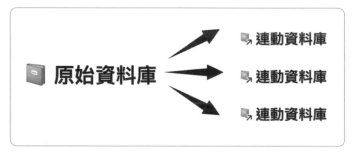

圖 3-45　原始資料庫與連動資料庫的關係

那麼，要怎麼決定我們建立的資料庫是哪一種呢？

可以根據當新增一個資料庫的時候的步驟而決定，如圖 3-46：

圖 3-46　建立原始 / 連動資料庫

- 若此時選擇 **❶**，會建立一個新的**原始資料庫**。

- 若從 **❷** 中選擇其他的原始資料庫，會跳到 **❸** 的畫面後建立一個**連動資料庫**。

  1. 可以從選單中選擇已經存在的檢視模式。

  2. 或是選擇 **❹** 新增一個檢視模式，此檢視模式不會出現在原始資料庫中。

- 若為**原始資料庫**，在 **❺** 所新增的就是此資料庫的新檢視模式。

- 若為**連動資料庫**，在 **❺** 所新增的是新的視角，一個連動資料庫可以選擇同時連動到多個不同的原始資料庫。

➤ 常見問題

Q： 從 Linked View 建立的資料庫分享給其他人後無法查看？

A： 透過 Linked View 建立的只是原始資料庫的連結，如果檢視者沒有原始資料庫的權限的話也是無法查看的。因此若要分享 Linked View 資料庫的話，請記得將原始資料庫也設定好對應的分享權限。

4

Notion 進階用法

函數計算、資料庫關聯、雙向同步、Notion API、自動化、按鈕……
各種 Notion 讓人眼花撩亂的功能，
讓你不知道如何開始使用嗎？
在這個章節中，我將會為你依序詳細講解。

✎ 本章重點

4.1 Link and Sync（引用與同步）

隨著我們建立越來越多的頁面與資料，有些時候會在數個地方都需要用到同樣的資料。這個時候如果我們只是傻傻的複製貼上一份，除了在更新版本的時候會很麻煩以外，也浪費了這些不同場景下的關聯性。而根據同步對象的不同，我們可以分成「頁面引用」與「同步區塊」。

4.1.1 頁面引用

不論是想要在會議中提及某個之前的文件，或是在記錄筆記的時候想要連結到某個特定的參考資料，都可以透過頁面引用（Link to Page）來達成，讓我們可以快速在不同頁面進行跳轉。

▶ 建立頁面連結

我們有幾種不同的建立頁面連結方法：

- **方法一**：如圖 4-1，在內文中使用 `@`、`[[  ]]` 或 `/Link to Page` 開啟搜尋清單，我們可以從這邊搜尋要添加的頁面。

圖 4-1　開啟頁面選單

- **方法二**：如圖 4-2，從要連結的頁面取得它的連結，直接貼上到你要連動的地方。

圖 4-2　取得頁面連結

在建立頁面連結後，引用的頁面的圖示會有一個斜上的箭頭標記（如圖 4-3），方便我們區分這是原始頁面還是連結的頁面（原始與連動概念可見 3.4）。

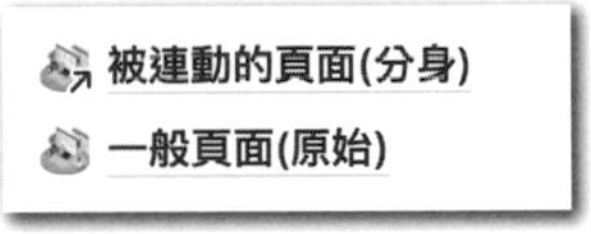

圖 4-3　連動頁面圖示

➤ 反向連結

我們要如何知道目前這個頁面有被引用在哪些頁面中呢？如圖 4-4，若一個頁面有被其他頁面引用，它的標題下方會有一個「backlink」的按鈕，左邊的數字會顯示目前一共被幾個頁面引用，點開之後可以查看分別是哪些頁面引用了它，這可以讓我們從上面快速跳轉到其他地方。

圖 4-4　反向連結清單

➤ 常見問題

Q：引用頁面的時候，圖標大小為何有差異？

A：如圖 4-5，有時候我們可能會發現引用的頁面 Icon 大小不同，這是來自於兩種不同的引用方式的差別——Mention page 與 Link to page。

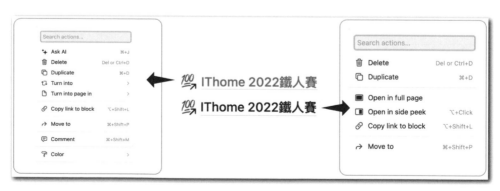

圖 4-5　兩種不同的頁面符號大小

	Mention page（頁面提及）	Link to page（頁面連結）
性質	• 圖示比較大一些 • 屬於區塊類型，因此可以使用 Turn into（轉換成）	• 圖示比較小一些 • 屬於頁面類型，因此會出現在側邊欄中
建立方式	• @ 頁面名稱 • [[頁面名稱]] • 複製頁面連結，貼上的時候選擇「Mention page」	• 輸入 /link to page，搜尋頁面名稱建立 • 複製頁面連結，貼上的時候選擇「Link to page」

圖 4-6　貼上頁面連結的時候，會出現兩種不同的選項

4.1.2　同步區塊

在 Notion 當中還有一個非常特別的區塊，叫做 Synced Block（同步區塊）。

圖 4-7　Synced Block（同步區塊）

當我們在建立了一個同步區塊之後，它會被紅色框框標記起來以方便辨別（如圖 4-8，只有在點到的時候才會顯示，平常是隱藏的），點選 **Copy and Sync** 之後，在其他頁面貼上，就可以在不同頁面使用同一個區塊了！

圖 4-8　取得同步區塊的連結

不同的地方都可以使用同一個同步區塊，只要修改了其中一個，其他不同區塊都會一起同步，如圖 4-9。

圖 4-9　同步區塊同步效果

Notion 實作 1

同步導航欄 [*1]

Synced Block（同步區塊）的特性使得它可以被用在許多地方，其中一個很有用的方法就是在多個不同的頁面建立一個**同步的導航欄**。

不知道讀者會不會遇到這種情況 —— 在某些任務或頁面裡面，需要經常往返幾個特定頁面進行跳轉。但因為需要跳轉的頁面可能會有變化，所以也無法最開始在建立頁面的時候就預先建立好，這個時候我們就可以使用同步區塊來解決。

[*1]　本書的Notion實作範例連結，請參考附錄A-1。

➤ 實作步驟

把希望跳轉的目標，使用頁面引用的方式建立好可以跳轉的連結。接下來建立一個同步區塊，把剛剛的目標頁面們拖到同步區塊中，如圖 4-10。

圖 4-10　使用同步區塊建立導航欄位

最後選擇「Copy and sync」，在不同頁面裡貼上這個同步區塊，就可以享有相同的導航效果，且在有需要調整的時候只需要從其中一個地方更動即可。

▌　小提示：除了使用引用，也可以搭配按鈕（Button）設計導航欄位。

若將這個導航欄區塊建立在資料庫模板（Template，見 3.4.3 節）中，甚至可以讓所有新建立的頁面都自動添加這個導航欄，如圖 4-11。

圖 4-11　新增的資料都會包含相同的導航欄

4.2 Notion AI

Notion AI 是 2023 最新推出的功能，它將 LLM[*2] 放在 Notion 中，讓使用者無須在不同軟體之間反覆跳轉，就能享受人工智慧帶來的便利。

你可以使用它來：

- **協助撰寫草稿**：包含會議、簡報、任務、信件、文案等，協助腦力激盪。
- **進行內容轉換**：將同樣的內容調整成不同的語氣，或是翻譯成其他語言。
- **自動整理**：當文件或資料庫的內容有更動時，自動根據更新後的內容去整理出重點或待辦事項。

▶ 常見問題

Q：Notion AI 和 ChatGPT 有什麼差別？

A：Notion AI 是基於 GPT-3 的模型進行開發的，ChatGPT 目前最先進的模型則是 GPT-4，因此在能力上限的部分依舊是 ChatGPT 比較強大。

但 Notion AI 最核心的價值，主要還是和 Notion 的高度整合，它可以更自動無痛地把人工智慧應用在流程中。

4.2.1 Notion AI 草稿撰寫

在任何可以輸入區塊的地方，輸入空格就可以叫出 Notion AI 的選單，如圖 4-12。

---

*2　Large Language Model：大型語言模型，例如GPT、LLaMA等。

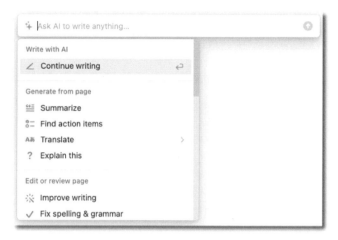

圖 4-12　Notion AI 選單

我們可以在對話框中輸入希望 Notion AI 幫我們撰寫的內容，也可以從下面的選單中快速選擇一些預設的提示詞（Prompt）。如圖 4-13，我以請 Notion AI 寫一個 Python 程式語法的說明為例：

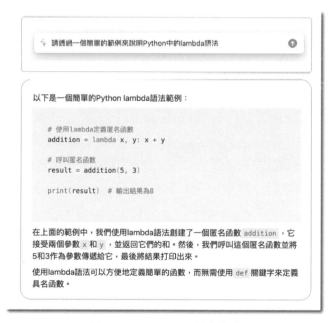

圖 4-13　Notion AI 撰寫內容

我們可以發現它不但內容撰寫的效果還不錯，更是結合了 Notion 內建的程式碼區塊進行說明，展現了原生 AI 的優勢。

另外像是表格、流程圖等人工輸入比較麻煩的區塊，也很適合 Notion AI 發揮（如圖 4-14），善用 Notion AI 來建立這些區塊可以節省大量時間。

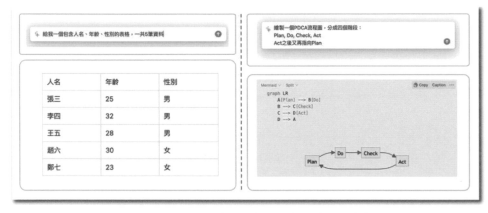

圖 4-14　Notion AI 建立表格（左）與流程圖（右）

4.2.2　Notion AI 內容調整

對於我們希望調整的內容，可以將它選取起來後，在選單中選擇「Ask AI」，如圖 4-15。

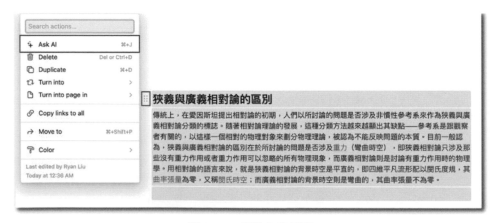

圖 4-15　開啟修改選單

在選單中我們可以有各種不同的調整方向（見圖 4-16），包含語氣、長度、語言，或是協助我們對內容進行摘要或提取行動項目：

圖 4-16　Notion AI 調整功能說明

以上面的相對論說明為例，我選擇請它對內容進行摘要，結果如 4-17 所示：

圖 4-17　Notion AI 摘要範例

如果我們不滿意得到的結果，可以繼續在輸入框中提出要求讓它進行調整。如果得到了可以接受的結果，可以選擇：

- **Replace selection**：將原本修改的內容取代。

- **Insert below**：不更動原始內容，而是將 AI 生成的內容插入到底下的區塊。

4.2.3　Notion AI 區塊

當前面的內容生成與調整在確認輸入後，就會變成一般的文字與內容區塊，其實使用 ChatGPT 或其他生成式 AI 工具雖然麻煩一些，但也是可以做到的。那有沒有什麼是 Notion AI 所獨佔而無法被取代的功能呢？這就需要談到 Notion AI 區塊（Notion AI Block）了。

這個區塊可以預先填寫好我們希望它進行任務的指令，之後就可以隨著頁面內容或欄位的更新來進行自動的更新，而不用每次都重新輸入一次提示詞。

要建立 Notion AI 區塊，我們可以使用 `/AI Block` 的方式來建立。內建提供了 3 種不同的 AI 區塊（如圖 4-18），不過我在使用過後發現前兩種區塊在非英文內容的效果比較不佳，因此我幾乎都用「Custom AI Block」方法。

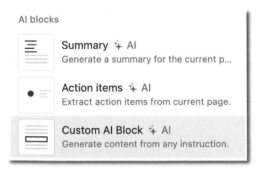

圖 4-18　三種不同的 AI 區塊

這邊以我撰寫的另一本《資料分析完全入門指南》的草稿為例，這本書的內容有超過 3,000 個字，如圖 4-19：

圖 4-19　目標處理頁面的內容

假設我想要 Notion 幫我的草稿撰寫大綱，就可以在頁面最前面的地方插入一個 Custom AI Block，輸入「整理本頁面的內容，列出大綱」。

等它處理一下之後，我們就可以看到它生成的結果（見圖 4-20）。有時候我們不會一次就得到最好的結果，就可以繼續調整指令重新生成，或是自己手動對內容進行調整。

圖 4-20　Notion AI 區塊生成大綱

▶ 常見問題

Q：為什麼要 AI 生成大綱？不是有內建的大綱區塊嗎？

A：可以把 AI 想像成是一個即時閱讀內容的虛擬讀者。一邊在撰寫內容，一邊同步獲得讀者「看到了什麼」的反饋，有助於寫出更有架構的內容。

4.2.4　Notion AI 欄位

如果說前面提到的 Notion AI 區塊是用在**頁面**中的話，那這邊的 Notion AI 欄位就是提供我們用在**資料庫**中的工具，它跟 AI 區塊一樣有多種不同的選擇：

圖 4-21　Notion AI 欄位

在選擇建立欄位之後，我們會在右側看到設定的選單（圖 4-22），其中：

❶ 當頁面內容或欄位有更新的時候，此欄位是否自動更新。

❷ 指令內容，盡量清楚描述你的目的，通常需要調整多次得到更好的結果。

❸ 嘗試套用效果在這個檢視模式中的前 5 筆資料。

❹ 套用效果在此資料庫的所有資料，若資料筆數較多則需要計算一段時間 [*3]。

[*3]　此時可以離開頁面，它會在後台自動計算。

❺ 關閉 AI 自動填入，將欄位轉換成一般的文字（Text）欄位。

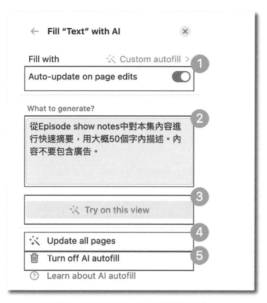

圖 4-22　Notion AI 欄位設定

4.2.5　Notion Q&A

Notion Q&A 是在 2023 年底最新推出來的功能。在傳統的搜尋功能中，我們只能用很明確的關鍵字去尋找我們的筆記內容。然而若無法精準地下好關鍵字，就很可能會難以找到我們曾經撰寫好的內容。而 Notion Q&A 則可以非常有效地改善了這個問題。

有了 Notion Q&A 之後的搜尋欄，我們可以不用去配合機器下關鍵字，而是可以用與人對話的方式自然的提出問題。在收到我們的問題之後，Notion AI 便會自動搜尋我們的筆記內容，並根據我們在 Notion 中的資料給出合適的回覆。此外，它所參考的筆記內容也會一併列出在下方。

圖 4-23　使用 Notion Q&A 搜尋與回覆問題

Notion 實作 2

批量文案生成器

隨著生成式 AI 的發展，已經有越來越多人將這些工具使用在自己的工作或生活當中了。以往我們撰寫完一篇筆記或文章的時候，如果希望將它轉換成貼文發布在社群上，必須再花費許多時間和精力來對內容進行重新撰寫、調整，而且對於要如何下關鍵字的 Hashtag 也很不容易。

現在我們有了 Notion AI，它不只可以幫我們生成內容，還可以根據我們的「欄位內容」、「頁面內容」進行調整。重點是每次都可以批量進行生成，比起自己手動輸入指令和貼上內容給 ChatGPT 還要快，而且生成完的結果也會自動儲存在 Notion 中。

圖 4-24 展示的是一個社群文案生成的範例，其中第 1、3 欄的內容是我手動輸入的，而第 2 欄的「SEO 關鍵字」、第 4 欄的「文案生成」是由 Notion AI 生成的結果。

圖 4-24　Notion AI 文案生成器成果展示

我在這兩個欄位中分別使用的指令是：

圖 4-25　社群文案生成提示詞

小技巧

想了解更多的提示詞撰寫技巧

你可以參考吳恩達和 OpenAI 開設的《**ChatGPT Prompt Engineering for Developers**》[*4] 課程，課程時間約 1 小時。另外你還可以參考筆者針對這門課程撰寫整理的《**ChatGPT 提示詞工程指南 (中文版)**》[*5]。

 # 4.3 Notion Button（按鈕）

▌在 Notion 中，你永遠都不需要擔心缺少建立內容的方式。

不論是經常需要進行的操作，或是需要重複插入的內容，在 Notion 中都可以透過「Button」（按鈕）輕鬆達成。

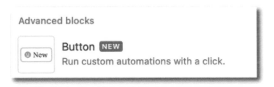

圖 4-26　Notion Button

---

*4　ChatGPT Prompt Engineering for Developers課程：https://www.deeplearning.ai/short-courses/chatgpt-prompt-engineering-for-developers/。

*5　ChatGPT 提示詞工程指南（中文版）：https://noto.tw/prompt-guide。

建立一個按鈕後，我們會看到圖 4-27 的畫面。

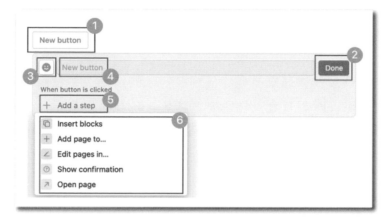

圖 4-27　Notion Button 設定畫面

其中各個部分分別為：

❶ 按鈕本體，在關閉設定後顯示在頁面中的樣子。

❷ 結束編輯，關閉控制選單。

❸、❹ 按鈕圖示及顯示名稱。

❺ 添加按鈕按下後的步驟，一個按鈕可以觸發多個步驟。

❻ 步驟選單，包含：

- 插入區塊（Insert blocks）
- 新增頁面（Add page to...）
- 修改頁面（Edit pages in...）
- 顯示資訊（Show confirmation）
- 開啟頁面（Open page）

4.3.1　增加區塊

按鈕的第一個實用功能，就是能讓我們將一些會需要重複添加的區塊預先組合好，在我們按下按鈕後依照選擇添加在上方 / 下方。

如圖 4-28，假設我要建立一個「任務名稱」的按鈕，每當新增這個按鈕時，底下就可以自動幫我列出固定的標題，例如「背景」、「行動」、「結果」，我們要在按鈕步驟中選擇「Insert blocks」，建立數個要使用的區塊後將它們拖進去，在選單上可以選擇按下按鈕後要插入內容的位置。

圖 4-28　建立插入區塊按鈕

建立完成之後就可以按「Done」收起選單，把按鈕放在我們要使用的位置。

這時按下按鈕，事先被安排好的重複區塊就被加到我們設定好的位置了（見圖 4-29）。這樣我們就可以在保有版面簡潔的同時，仍然能快速加入一些複雜的元素組合。

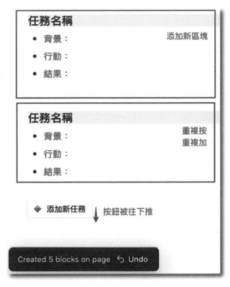

圖 4-29　插入區塊按鈕效果

這種按鈕非常適合放在資料庫模板中，讓我們在預先建立文件模板時，可以保有未來對這個頁面區塊數量的彈性。

─　📰 筆者閒聊

Notion 早期插入區塊的功能叫做「template button」（模板按鈕），但或許是這個名稱太容易和資料庫中的模板搞混，所以後來就乾脆直接改名叫按鈕了，同時也新增了一些其他的功能。

4.3.2　新增頁面

按鈕的另一個實用功能就是「新增頁面」，你可能會覺得新增頁面有什麼特別的，用 @ 或是 /page 也可以來新增頁面啊。

但按鈕提供的新增頁面功能強大的地方在於：

- 可以在任意資料庫添加頁面，就算這個資料庫不在目前的畫面上。

- 可以預先填入資料庫的欄位內容，甚至不用打開這個頁面。

要建立這個按鈕，我們則是需要在選單中選擇「Add page to…」，之後會看到如圖 4-30 的畫面：

圖 4-30　添加頁面按鈕

其中各部分分別為：

❶ 選擇要添加頁面的資料庫。

❷ 預先填入值的欄位，對於日期欄位可以選擇 Today / Now 或特定日期。

❸（非必須）建立後開啟該頁面進行查看。

於是我們就可以透過一個按鈕，把設定好的頁面添加在遙遠的另一方的資料庫當中而不必開啟它了，如圖 4-31。

圖 4-31　新增頁面按鈕效果

這樣的按鈕則很適合放在你的**個人首頁**或**每日日誌**中，透過按鈕來達成與其他資料庫中產生連動的效果。

4.3.3　屬性修改

> ⏰ **注意**
>
> 此功能非常強大，可能會影響到一個資料庫中的所有資料，在操作之前請務必確認好流程。

看到前面的效果，你或許會想「既然可以添加，那可以修改嗎」。恭喜你猜對了，按鈕的另一個功能就是用來「修改特定資料庫中的特定頁面」。

特定資料庫很好理解，就是我們先選擇好的資料庫。那特定頁面又是什麼東西？其實它是指「符合某篩選器（Filter）下的**所有頁面**」。

看到重點了嗎 ——「所有頁面」意味著如果你沒有設定篩選器，它就會更動到你這個資料庫的所有頁面，因此使用時務必慎重，最新版的 Notion 在資料庫中提供了「按鈕」欄位，亦可透過該按鈕修改單一頁面。

在選擇「Edit pages in...」後我們可以開啟選單（如圖 4-32），其中各部分分別為：

❶ 設定要套用的篩選器為何，預設是影響全部頁面。

❷ 符合篩選器的頁面要修改的屬性值要變更為何，按下按鈕後原先的屬性會被覆蓋。

❸ 以「今日待辦」為例，設定了一個截止日期是今天的篩選器。

圖 4-32　變更頁面按鈕設定

在建立按鈕的設定之後，我們就可以把它放在需要使用的地方，如此一來便可以用一個按鈕操控多筆資料了，如圖 4-33。

圖 4-33　修改頁面按鈕效果

如果會擔心不小心按到，我們可以在步驟中再加入一個確認流程，例如「確定要將所有『今日事項』標記為『完成』嗎？」：

圖 4-34　設定確認步驟

這樣一來，我們按下按鈕時就會先跳出一個提示框（如圖 4-35），此時如果按「Continue」（繼續）就會完成後續的步驟，如果按「Cancel」（取消）則會終止流程，降低我們操作失誤的影響。

圖 4-35　確認提示框

Notion 實作3

任務計時器

前面介紹了一些按鈕的各自不同功能，這邊則將複數個功能做結合來示範按鈕的用途，作為任務計時器使用。

如果你希望記錄一些項目所花費的時間，例如運動、讀書……等，但每次都要手動輸入時間會非常麻煩。因此我們就可以使用 Notion button 來幫我們快速記錄任務的開始與結束時間，並且再透過一個公式（詳見 4.5 節）來計算花費的時間。

如圖 4-36，我們需要建立 3 個元件：

❶ **任務花費時間資料庫**：包含一個開始時間欄位、一個結束時間欄位、一個花費時間的欄位。

❷ **開始任務按鈕**：設定添加頁面到上述資料庫，設定開始時間為「Now」。

❸ **完成任務按鈕**：篩選所有沒有結束時間的資料，將它們的結束時間設為「Now」。

圖 4-36　設定任務計時器

其中的篩選器和花費時間公式如圖 4-37：

圖 4-37　篩選器及公式設定

完成之後，我們就得到了一個可以用來記錄任務花費時間的資料庫（如圖 4-38），我們只需要在開始和結束時分別按一下按鈕，就可以完成自動統計！

圖 4-38　任務計時器成果

團隊投票工具

在 Notion 資料庫中有一個叫做人物（**Person**）類型的欄位，可以記錄不同的使用者帳號在其中，可以用在記錄參與者、任務負責人等情況。

對於人物欄位和按鈕的結合，我們可以製作一個自動記錄「按下按鈕的人」在資料庫中的系統，可以用在需要團隊進行投票的場景。

➤ 實作步驟

圖 4-39　建立按鈕投票工具

❶ 在資料庫的頁面（或資料庫模板）中建立按鈕，選擇按鈕動作「Edit pages in...」，此時可以選擇平時隱藏的修改選項「Edit This page」（修改此頁面）。

❷ 按鈕動作的「Edit property」（修改屬性）如果指定為人物類型，可以選擇「Person who clicked this button」（按下按鈕的人）。

❸ 根據需求可以選擇加入（add）/ 取代（replace with）/ 移除（remove）目標的人物，因為我們希望不同人按下的時候都能被保留，因此選擇「add」。

如此一來，當有人按下這個按鈕的時候，Notion 就會記錄這個人的帳號並標記到對應的欄位中，如圖 4-40。

圖 4-40　按下按鈕後，會記錄按下的人員

> 小提示：你也可以將這個功能應用在會議記錄或宣布事項文件的結尾，讓大家在閱讀完畢之後可以按下按鈕進行打卡，方便追蹤團隊中還有哪些成員還沒閱讀完畢。

4.4 Relation（關聯）與 Rollup（匯總）

隨著我們使用程度的逐漸深入，我們會在 Notion 各處建立許多不同內容的資料庫。然而並不是每一個資料庫都是毫無關聯的，有些資料庫之間其實存在某種關聯，那麼要如何利用它們的關係呢？這個章節將會為你介紹如何用 Relation 在資料庫中建立**關聯**，並且使用 Rollup 取得關聯的**彙整**結果。

4.4.1　Relation —— 建立資料庫之間的關係

Notion 中的 Relation 欄位主要有這些用途：

- 建立資料庫之間的關聯。

- 讓不同資料庫可以取得對方的欄位進行計算（使用 Rollup 或 Formula）。

- 列出有關聯的另一個資料庫的資料，方便進行頁面跳轉。

那什麼是 Relation 呢？假設我們有兩個不同的資料庫（見圖 4-41），分別為：

- **餐點資料庫**：記錄了所有餐點的品項名稱、熱量、價錢。

- **顧客資料庫**：記錄了所有顧客的名稱、購買的餐點項目。

會發現在這兩個資料庫當中，餐點項目是可以共用產生關聯的。

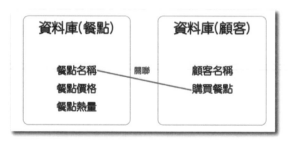

圖 4-41　餐點與顧客資料庫的關聯在「餐點名稱」

若我們不使用 Relation 建立關係，就是分別在兩個不同的資料庫記錄這些內容而已，並沒有利用到它們之間的關係，如圖 4-42 所示。

Table			
餐點			
Aa 餐點名稱	# 單價	# 熱量	
大麥克	80	548	
1+1	50	465	
OREO冰炫風	55	352	
+ New			

Table		
顧客		
Aa 顧客名稱	☰ 餐點	+
阿明	OREO冰旋風　大麥克	
小美	OREO冰旋風	
how哥	1+1	
+ New		

圖 4-42　餐點資料與顧客資料（無關聯）

如圖 4-43，要建立關聯，我們可以 ❶ 在顧客資料庫新增一個「Relation」欄位，❷ 選擇關聯到「餐點」資料庫，然後會開啟設定關聯的選單 ❸。在 ❹ 可以設定是否顯示反向連結（即在餐點資料庫顯示顧客），按下 ❺ 可以新增欄位，相關的示意圖可以參考 ❻。

圖 4-43　建立資料庫關聯

於是我們就可以在顧客資料庫中選擇餐點進行添加，對應的結果也會同步顯示在餐點資料庫，如圖 4-44。事實上，你也可以反過來從餐點資料庫添加顧客，兩種方法都可行。

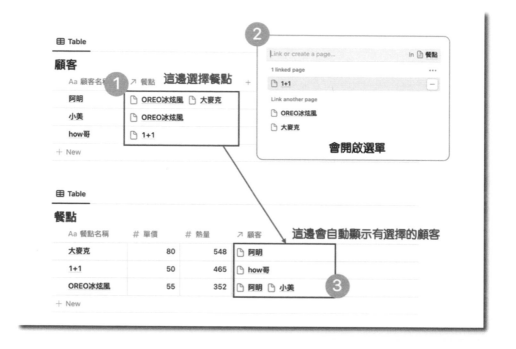

圖 4-44　建立顧客 - 餐點關聯

而我們則可以發現此時的資料庫是會自動包含另一個資料庫新增的資料：

- 如果在**顧客資料庫**添加誰買了什麼餐點。

- **餐點資料庫**就會自動填入餐點被誰購買。

4.4.2　Rollup —— 建立關係後的匯總

接下來我們再往下看，如果我們想問：

- **Q1**：一共有幾個人買了大麥克？

- **Q2**：阿明吃了多少熱量？

- **Q3**：小美消費了多少錢？

這些問題都可以透過兩個資料庫之間的關聯來計算結果，因此我們可以使用 Rollup 得到答案，如圖 4-45。

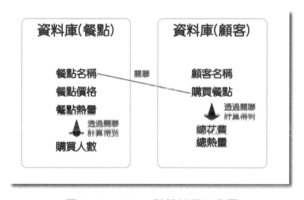

圖 4-45　Rollup 計算結果示意圖

要建立 Rollup 欄位，我們需要制定要使用哪一個 Relation（一個資料庫可能會有多個關係，不過在本範例中只有一個），我們這邊選擇**餐點**。

圖 4-46　建立 Rollup 欄位

預設建立好的 Rollup 會是使用名稱欄位，此時看起來會和 Relation 欄位的結果一樣。如圖 4-47，我們可以 ❶ 調整成其他欄位，❷ 並且選擇不同的匯總方式，而非「Show original」，❸ 就可以在 Rollup 看到對應的匯總結果了。

圖 4-47　調整 Rollup 設定

接下來讓我們從最初的幾個問題來練習看看 Rollup 的使用吧：

- **Q1：一共有幾個人買了大麥克？**

  ❶ 我們確定的對象是**大麥克**，它是在**餐點資料庫**，所以我們在**餐點資料庫**新增 Rollup。

  ❷ 統計對象是**所有的顧客**，所以在 Rollup 欄位的 Relation 屬性中選擇「顧客」來源。

  ❸ 要計算的是**人數**，因此在「Calculate」欄位選擇 **Count All**（計算數量）。

  ❹ 根據匯總結果，我們可以得知「一共有 **1** 個人買了大麥克」。

圖 4-48　Rollup 練習 1

- **Q2：阿明吃了多少熱量？**

  ❶ 確定對象是**阿明**，是在**顧客資料庫**，所以我們在**顧客資料庫**新增
  Rollup。

  ❷ 統計對象是所有餐點的**熱量**，在 Rollup 欄位的 Relation 屬性中選擇
  「餐點」，Property 屬性中指定「熱量」。

  ❸ 要計算的是**熱量總和**，因此在「Calculate」欄位選擇 **Sum**（計算加
  總）。

  ❹ 根據匯總結果，我們可以得知「**阿明吃了 900 大卡**」。

圖 4-49　Rollup 練習 2

- **Q3：小美消費了多少錢？**

❶ 確定對象是小美，是在**顧客資料庫**，所以我們在**顧客資料庫**新增 Rollup。

❷ 統計對象是所有餐點的**價錢**，在 Rollup 欄位的 Relation 屬性中選擇「餐點」、Property 屬性中指定「單價」。

❸ 要計算的是**價錢總和**，因此在「Calculate」欄位選擇 **Sum**（計算加總）。

❹ 根據匯總結果，我們可以得知「小美消費了 55 元」。

圖 4-50　Rollup 練習 3

4.4.3　Sub-Items —— 讓表格擁有層級

在 Notion 的表格檢視模式（Table View）中，我們可以透過開啟 Sub-Items（子項目）功能，來讓資料庫的資料可以有不同層級的包含嵌套。

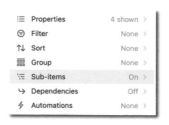

圖 4-51　開啟 Sub-Items 設定

開啟 Sub-Item 之後,這個資料庫會預設增加兩個欄位,分別表示這筆資料的上層或下層資料。其背後一樣是透過 Relation 去實現的,因此請不要將這兩個欄位刪除,如果不想看到這些欄位,你可以將它們隱藏起來就好。

開啟了 Sub-items 之後的畫面如圖 4-52 所示,各個部分分別代表:

❶ **上層的資料**會有一個關聯欄位,關聯到**數個下層資料**。

❷ **下層的資料**也會有一個關聯欄位,關聯到(通常是)**一個上層資料**。

❸ 展開後下層的資料會**往內縮排顯示**。

❹ 再按一次箭頭可以把下層內容**暫時收起來**。

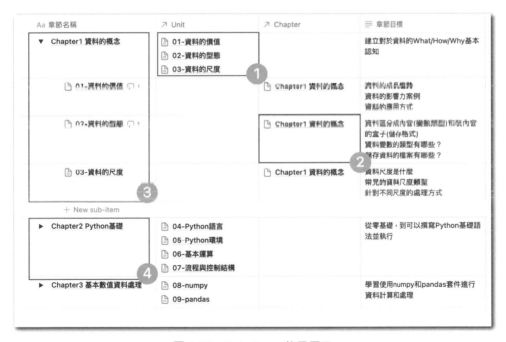

圖 4-52　Sub-Items 效果展示

4.4.4　Dependency —— 建立時間先後關係

如果説前面的「Sub-Item」是提供資料之間上下層級的空間關係，那麼「Dependency」（依賴性）就是提供資料之間前後的時間關係。

Dependency 功能主要是提供時間軸檢視（Timeline View）使用，透過加上這個功能，我們可以在時間軸的甘特圖上獲得項目之間的前後關係，如圖 4-53。

圖 4-53　建立 Dependencies

在建立項目依賴之後，我們可以根據需求進行一些調整：

● **欄位關係的描述方式（圖 4-54）**

因為項目依賴關係的運作原理是將這個資料庫關聯到它自己本身，所以會多出來兩個 Relation 欄位，分別為：「Blocked by」和「Is Blocking」，前者表示受哪個項目限制 —— 此任務之前的步驟；後者則表示此項目影響到那些任務。可以根據你習慣的表達方式去設定，預設是使用後者。

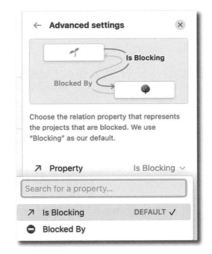

圖 4-54 「Blocked by」和「Is Blocking」

- **拖動項目時候的動作（圖 4-55）**

  當項目之間建立依賴關係之後，我們如果需要在時間軸上調整它們的時間，可以設定是否要影響到有依賴關係的項目。

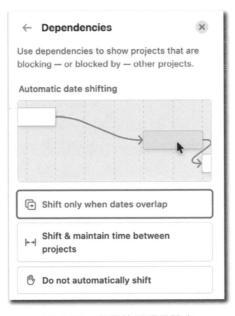

圖 4-55 自動位移項目設定

三種不同設定分別為：

❶ **Shift only when dates overlap**：當某個項目被移動的時候，如果新的位置會和原本的上下游任務有重疊，那麼會使重疊方向的任務往後平移，直到沒有重疊為止。

❷ **Shift & maintain time between projects**：保持有依賴關係上下游之間的相對位置，當移動某個項目的時候，所有上下游按照相同的距離平移。

❸ **Do not automatically shift**：關閉自動調整，所有項目的移動都以手動處理。

- 自動位移是否跳過週末（圖 4-56）

  若有開設自動位移的情況下，我們可以決定是否要避免位移後的項目開始或結束時間處在週末，如果希望項目避開週末，就打開這個選項。

Avoid weekends
Prevent shifted projects from starting or ending on weekends

圖 4-56　避免週末

4.5 Formula（公式）

當我們開始使用 Notion 的資料庫來管理我們的資料，隨著時間使用的增加，不只是資料的筆數，資料的欄位往往也會逐漸變多。

此時我們可能會希望對這些欄位之間進行一些組合或計算，這個時候就需要用到 Notion 的公式（Formula）欄位了。

4.5.1　Formula 與 Excel 格子的差異

在第三章中，我們有提到學習使用 Notion 的資料庫可以像是使用 Excel 一樣來看待，但是實際上它們還是有一點不太一樣的地方：

在 Excel 裡面，一般情況下我們可以自由選擇要用任意的格子進行計算，如圖 4-57。

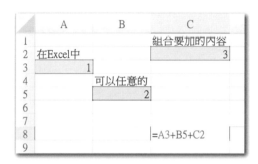

圖 4-57　在 Excel 中的欄位可以任意組合

但是在 Notion 當中，我們只能沿著橫向或是縱向的方向進行計算，如圖 4-58。

- 縱向的資料透過 Calculate 來計算，會包含這個檢視模式下的所有對象。

- 橫向的計算是透過 Formula 來達成，可以自由選擇要使用的欄位。

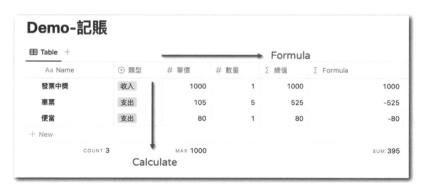

圖 4-58　Notion 中只能沿著兩個方向計算

4.5.2　Formula 編輯區域

當我們新增一個 Formula 欄位後，我們可以在欄位設定中選擇「**Edit**」進行編輯，就可以叫出公式的編輯區域（圖 4-59）。

圖 4-59　Notion 公式編輯區域

在展開的區域中，分別由以下這些部分組成：

❶ **公式輸入區域**：這邊輸入我們的公式，可以包含不同的函數、欄位、數值等。在公式輸入區域中，可以加入 Tab 縮排或 Shift + Enter 換行排版的調整，空格和換行不會影響公式的有效性。但良好的排版對於日後編輯內容時會提供很大的幫助。

❷ **可用資源區域**：這邊會列出所有可以使用的資源，包含可以使用的欄位名稱、可以使用的公式等。隨著你在編輯區域內輸入的內容，這裡會自動做搜尋提供你相關的結果。

❸ 資源用途說明：對於左側提供的資源不確定如何使用的話，可以把滑鼠移動上去，右側會顯示這個資源的説明、使用範例等。

📝 筆者間聊

Notion Formula 2.0 帶來了什麼樣的改變？

在 2023 年 9 月，Notion 的 Formula 功能迎來了其歷史上最大的升級。升級後的公式欄位支援了變數命名、程式換行，可以透過關聯欄位取得其他資料庫的內容、樣式設定，同時移除了一些非常反人類的設計（例如原本要取用欄位還需要另外加 prop 函數，現在直接用欄位名稱就可以了）。

```
(prop("已完成") / prop("總量") >= 1) ? "☑完成" : format(slice("■■■■■■■■■■", 0,
floor(prop("已完成") / prop("總量") * 10)) + format(slice("□□□□□□□□□□", 0,
ceil(10 - prop("已完成") / prop("總量") * 10)) + " " + format(round(prop("已完成")
/ prop("總量") * 100)) + (empty(prop("已完成")) ? "0%" : "%")))
```

圖 4-60　舊版的 Formula 可讀性超低

4.5.3　Formula 公式類型

在 Notion Formula 中有非常多不同的公式，主要可以分成以下幾類：

- 內容提取

  - 可以使用名稱來取得本資料庫的欄位值，例如：熱量。

  - 若欄位為日期欄位，可以再使用小數點來取得該日期下的元素，例如：日期 .year() 可以取得年份。

  - 若對象為透過關係建立的 current（後面會介紹），可以取得對應資料庫的欄位，例如：current. 熱量，但無法單獨使用。

- 邏輯計算

  - 可以用 `and(⋯)` 或 `or(⋯)` 來取得括號內的**條件是否全部滿足 / 至少滿足一個**。

  - 邏輯比較符號可以用來**判斷兩側的元素是否符合條件**，包含：等於（`==`）、不等於（`!=`）、大於（`>`）、大於等於（`>=`）、小於（`<`）、小於等於（`<=`）。

  - 可以使用 `if` 來**判斷單一條件**，會根據條件是否符合回傳結果。

  - 也可以使用 `ifs` 來**依序判斷多個條件**，回傳最早符合條件的對應結果。

- 數值計算

  - 可以用基本的**加減乘除**對元素進行**運算**。

  - 內建也提供了一些**數學公式**，包含：絕對值（`abs`）、平方根（`sqrt`）、四捨五入（`round`）、餘數（`mod`）。

- 文字處理

  - 可以大致分成文字的**處理**、**檢查**、**轉換**等操作。

  - **處理**包含：把內容接起（`concat`）、取得部分內容（`substring`）、重複字串多次（`repeat`）、取代部分內容（`replace`）。

  - **檢查**包含：是否有包含某個字串（`contains`）、使用正規表達式檢查字串是否符合特定格式（`test`）。

  - **轉換**包含：把文字轉成字串（`format`）、把文字轉換成數字（`toNumber`）、轉換成大寫（`upper`）或小寫（`lower`）。

- 樣式處理

  - 包含**文字樣式**、**顏色**、**超連結**等，語法為：`style(` 文字 `,` 樣式 1`,` 樣式 2`,…)`

  - **文字樣式**分別有：`"b"`（粗體）、`"u"`（底線）、`"i"`（斜體）、`"c"`（程式）、`"s"`（刪除線）等。

  - **顏色樣式**分別有：`"gray"`（灰）、`"brown"`（棕）、`"orange"`（橘）、`"yellow"`（黃）、`"green"`（綠）、`"blue"`（藍）、`"purple"`（紫）、`"pink"`（粉）、`"red"`（紅）等。

  - 若顏色樣式加上 `"_background"` 則表示此顏色套用在背景，例如：`"red_background"`（紅色背景）、`"green_background"`（綠色背景）。

  - 可以在文字上加上**超連結**，語法為：`link(` 文字 `,` 網址 `)`。

  - 也可以反過來**移除所有或部分的格式**，語法為：`unstyle(` 文字 `)` - 移除全部樣式 , `unstyle(` 文字 `,` `"b")` - 移除粗體樣式。

- **變數設定**

  - 對於需要重複使用的值，可以先儲存為變數再使用，對較長的公式會比較有效果。

  - 使用 `let` 可以**儲存於個變數**，語法為：`let(` 變數名稱 `,` 變數值 `,` 表達式 `)`。

  - 使用 `lets` 可以**儲存多個變數**，語法為：`let(` 變數 1 名稱 `,` 變數 1 值 `,` 變數 2 名稱 `,` 變數 2 值 `,…,` 表達式 `)`。

- 序列處理

  - 序列的來源主要有兩種：一種是**多選欄位**，另一種是透過 Relation 建立的**關聯欄位**。

  - 序列的操作可以大致分成**取出**、**轉換**、**檢查**、**運算**等操作。

  - **取出**操作可以從序列中取出某個元素，可以是第一個（`first`）、最後一個（`last`）、指定順序的第幾個（`at`）。

  - **轉換**操作包含：去除重複的項目（`unique`）、反轉序列順序（`reverse`）、依照條件篩選序列元素（`filter`）、依照正規表達式篩選序列元素、將嵌套的序列攤平（`flat`）、取出最大值（`max`）或最小值（`min`）。

  - **檢查**操作包含：是否包含特定元素（`includes`）、某個元素在序列中的位置（`findIndex`）、序列是否為空（`empty`）。

  - **運算**操作基本上只有映射（`map`）這一個公式，但也是最強大的一個。`map` 會搭配 `current` 使用，語法為：`map(` 序列 `,` `current` 運算 `)`。

    - 例子：`map([1,2,3], current + 1) = [2,3,4]`

    - 例子：`map([1,2,3,4], current *2) = [2,4,6,8]`

因為全部的公式非常多，請恕筆者受限於篇幅不一一舉例。在此提供各公式類型的類別心智圖供讀者參考（見圖 4-61），若對於公式有更深入的需求，建議可以參考官方文件[6]。

---

[6] Notion Formula官方文件：https://www.notion.so/help/formula-syntax。

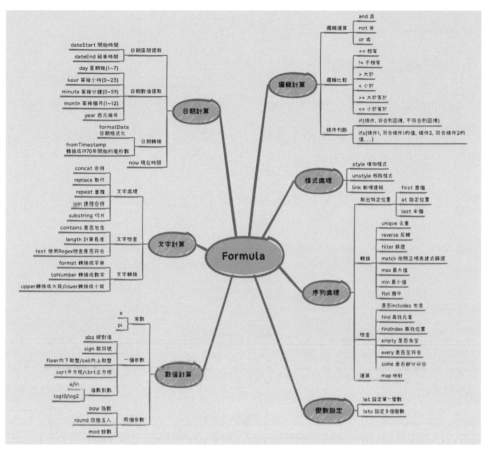

圖 4-61　Notion Formula 公式類型

不過，單純談理論可能還是比較難掌握 Notion Formula 的使用方式，因此接下來讓我透過兩個不同的應用案例來示範它的用法。

Notion 實作 5

欄位內容擷取與合併

使用 Notion Formula 不只可以做簡單的欄位計算而已，還可以讓原本欄位內的內容做重新的擷取並添加不同的顯示樣式。不過有點難憑空解釋，因此讓我們直接拿一個範例來説明。

在這個實作練習中，我使用了當初鐵人賽的系列文章瀏覽數作為範例，你可以在附錄 A-1 的範例連結中找到它。這個資料庫包含了：文章標題、瀏覽數、文章連結等三個原始欄位，如圖 4-62。

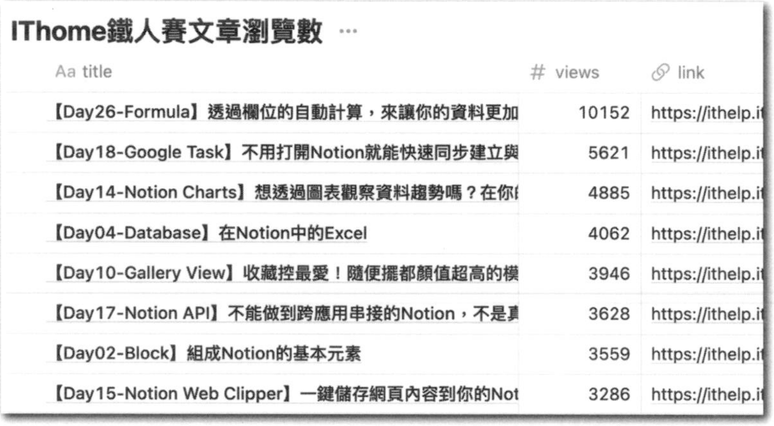

IThome鐵人賽文章瀏覽數 ···

Aa title	# views	link
【Day26-Formula】透過欄位的自動計算，來讓你的資料更加	10152	https://ithelp.i
【Day18-Google Task】不用打開Notion就能快速同步建立與	5621	https://ithelp.i
【Day14-Notion Charts】想透過圖表觀察資料趨勢嗎？在你	4885	https://ithelp.i
【Day04-Database】在Notion中的Excel	4062	https://ithelp.i
【Day10-Gallery View】收藏控最愛！隨便擺都顏值超高的模	3946	https://ithelp.i
【Day17-Notion API】不能做到跨應用串接的Notion，不是真	3628	https://ithelp.i
【Day02-Block】組成Notion的基本元素	3559	https://ithelp.i
【Day15-Notion Web Clipper】一鍵儲存網頁內容到你的Not	3286	https://ithelp.i

圖 4-62　範例資料庫

實作步驟

首先我希望可以提取出每一個標題中的天數，例如「01」、「02」……等。因為我們可以從標題中看到它的位置是固定的，所以我們可以從位置下

手。如圖 4-63 所示，我使用 substring 從 title 欄位取出了第 4 ～ 6[*7]個字元，並把它轉換成數字，就成了天數。

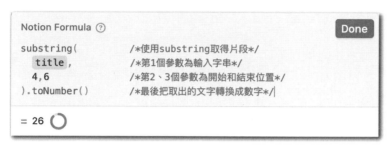

圖 4-63　使用 Formula 取出天數

小技巧

程式註解

在撰寫公式時，可以使用 **/* 註解內容 */** 的方式來插入註解，註解內容不會被執行，但可以幫我們記錄程式步驟。

公式結果預覽

在撰寫公式的時候，可以先進入某個資料庫頁面中，這樣在公式撰寫結尾的地方就會跳出目前計算結果的預覽，可以方便我們撰寫與除錯。

接下來進階一點，我們想要從標題的「【Day01-Notion】一款⋯」中提取出表示主題的「Notion」字串。因為它的長度是不固定，所以我們不能像上面一樣單純使用字串位置分割。不過我們可以發現它的標題格式都是固定的，我們可以使用正規表達式（Regular Expression）來提取內容。

---

*7　Notion公式中的範圍含頭不含尾，因此相當於第4及第5個字元。

- 首先我們先觀察，發現我們要提取的內容是介於 - 後面的不定長度的內容，因此我們先從這個地方開始：
  - 正規表達式：`-.+`（`.`表示任意字元，`+`表示對於前一個字元匹配 1 次以上）
  - 會取出的內容：`-Notion`】一款快速崛起的資訊整理工具
- 看起來開頭可以了，接下來我們來處理結尾，因為我們不需要用到結尾的】，所以可以把代表任意字元的 `.` 換成除了】以外的 `[^】]`。
  - 正規表達式：`-[^】]+`
  - 會取出的內容：`-Notion`
- 最後可以發現取出的內容會多一個前面的 -，可以再回頭用 substring 處理就好了。

完整程式如圖 4-64：

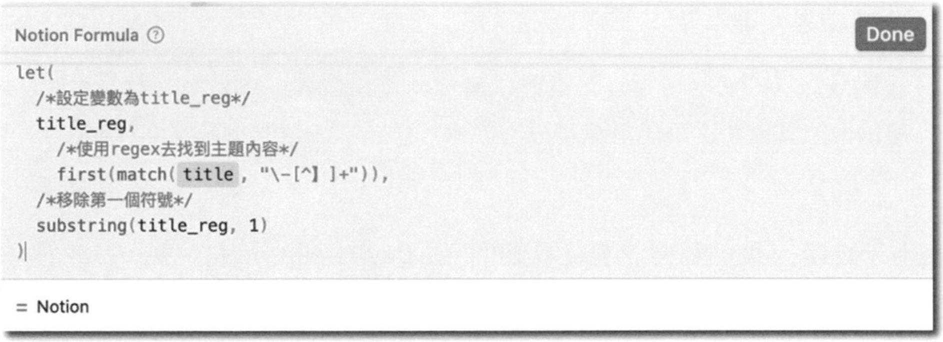

```
Notion Formula ⓘ                                    Done
let(
  /*設定變數為title_reg*/
  title_reg,
    /*使用regex去找到主題內容*/
    first(match( title , "\-[^】]+")),
  /*移除第一個符號*/
  substring(title_reg, 1)
)|

= Notion
```

圖 4-64　使用 Formula 取出主題

小技巧

正規表達式是什麼？要怎麼學習？

正規表達式是一種透過給定規則（Pattern）來對字串進行搜尋處理的語法，常見的規則有：「\d」表示數字、「．」表示任意字元、「＊」表示任意數量等。它的學習難度是比較高的，也並非學習 Notion 過程中一定要學的東西，但是掌握好之後可以讓你的 Notion 更加完整。

如果有興趣了解的讀者，可以參考 Regex101 這個網站，在上面嘗試看看不同語法的搜尋效果。

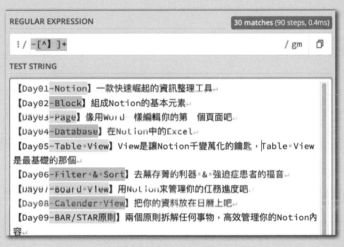

圖 4-65　regex101

在最後的部分，讓我們把前面取出來的內容加上一些格式，如圖 4-66：

- 對主題加上超連結，連到文章頁面。

- 對瀏覽數加上格式設定，調整為粗體、綠色、綠底。

```
Notion Formula ⑦                                    Done
/*主題，加上超連結，設定為粉色*/
style(
  link( 主題 , link ),
  "pink"
)
/*中間加上冒號*/
+ ": "
/*瀏覽數加上樣式設定*/
+ style(
  views ,
  "b", "green", "green_background"
)|
```

圖 4-66　使用 Formula 調整樣式及合併字串

最終我們就得到了圖 4-67 的結果，並且因為欄位是計算出來的，但原始欄位有變化的時候公式欄位也會自動更新：

圖 4-67　使用 Notion Formula 加上樣式後的成果

Notion 實作 6

總覽儀表板

我們在 Notion 中開始有了許多不同的資料庫，有些比較常進行編輯與查看，而有些則不會那麼常修改，因此可能會隨著時間被我們遺忘。那麼是否有一個方法，可以把多個不同的資料庫合併起來顯示在我們 Notion 的主頁呢？這就要透過關聯不同表格的 Relation 和可以合併結果的 Formula 來達成了。

▶ 實作步驟

要在 Notion 中製作一個總覽儀表板，我們會需要有以下兩個部分：

1. 用來合併資訊的一個**總表資料庫**

2. 數個存放不同資料的**原始資料庫**

在本實作中，我們以 2 個資料庫來做示範，分別為「Podcast」和「鐵人賽文章」，你可以在附錄的範例連結中找到它們。

根據我們的原始資料庫數量（此處為 2 筆），在總表資料庫裡加入相同數量的記錄，然後建立 Relation 欄位關聯到每一個原始資料庫，如圖 4-68。

圖 4-68　建立資料庫關聯

建立好之後，我們在這個總表中建立兩筆資料，其名稱分別為「Podcast」
和「鐵人賽文章」，然後回到兩個原始資料庫把它們關聯到總表的欄位，
分別選擇這兩筆資料。我們可以用全選後更改的方式，這樣會比較方便執
行，步驟如圖 4-69 所示。

圖 4-69　建立總表關聯

➤ 常見問題

Q： 添加關聯的步驟好麻煩，我每次新增資料都要手動添加關聯嗎？

A： 當然不是，具體可以搭配我們下一章會講解的 Notion Automation，這
樣就可以免去手動添加的步驟了。

此時我們的總表上就會分別關聯兩個不同的資料庫，你可以選擇把這兩個關
聯欄位的「Wrap all columns」關掉（如圖 4-70 的 Podcast 欄位），這樣就不
會佔太長的位置了，我們只是需要它的內容，所以並不會影響到我們的結果。

圖 4-70　關聯後的匯總資料庫

接下來可以用 concat 和 map，取出兩個不同的關聯欄位的內容並接在一起，這樣的作法好處是，當我們需要新增其他資料庫的時候只要再往下增加即可，如圖 4-71。

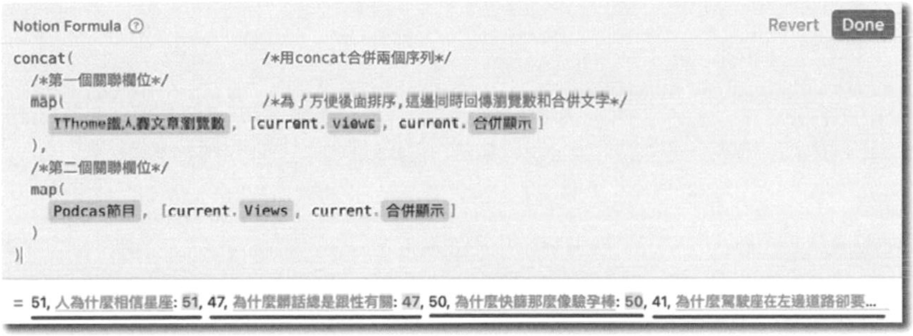

圖 4-71　合併兩個關聯欄位

如圖 4-72，此時我們就已經成功把兩個不同的關聯欄位合併在一起了。

圖 4-72　合併欄位後

不過既然談到了這個案例，讓我們再「順便」把這個總表變得更有用一些——讓它可以篩選出前三高瀏覽數的節目顯示出來，其公式如圖 4-73。

```
Notion Formula ⑦                                                    Done
lets(
    /*取出第3高的瀏覽數*/
    top3_th,
    reverse(sort(map( 合併顯示 , current.first()))).at(2),

    /*篩選前3高的瀏覽數*/
    top3_list,
    filter( 合併顯示 , current.first()>=top3_th),

    /*移除前面的瀏覽數*/
    top3_list,
    map(top3_list, current.last()),

    /*用換行合併*/
    join(top3_list, "\n")
)

= Formula: 10152 Google Task: 5621 Notion Charts: 4885
```

圖 4-73　篩選前三高 Formula

合併之後的結果在表格模式看起來的效果如圖 4-74 所示（記得在欄位開啟 Wrap all columns），並且前三高內容上面的連結也都是有效的：

資訊彙整總表

Aa Name	↗ Podcas節目	↗ IThome鐵人賽文...	Σ 前3高
Podcast	🗋 EP01-人為什麼		人為什麼相信星座: 51 為什麼髒話總是跟性有關: 47 為什麼快篩那麼像驗孕棒: 50
鐵人賽文章		🗋 【Day26-Formula】	Formula: 10152 Google Task: 5621 Notion Charts: 4885

圖 4-74　合併前三高瀏覽效果 —— Table View

如果是要作為首頁的儀表板使用，那用表格可能顯得有點不夠優雅，因此我們可以再把它轉換成畫廊模式（圖4-75），看起來是不是更有那種把自己所有的資訊掌握在一處的感覺了呢？

圖 4-75　轉換成畫廊模式的資訊總表

筆者閒聊

如果你看到這邊感覺到 Formula「可能有那麼一點點複雜」，請先不用太過擔心或焦慮，每個人（包含筆者自己）在學習任何這種公式或語法的時候都是花了許多時間才慢慢掌握的。因此可以先試著從自己既有的使用場景出發，每次加入一些新東西，讓自己保持成長，突然有一天你就會有一種豁然開朗的感覺了！

4.6 Notion Automation（自動化）

覺得每次要操作資料庫的時候都要重複設定一些相同的欄位很麻煩嗎？每次要建立 Relation 關係的時候都要從頭搜尋一次覺得很冗長嗎？ Notion 最新推出的 Automation（自動化）功能則是可以協助我們解放許多例行操作的利器（圖 4-76）。

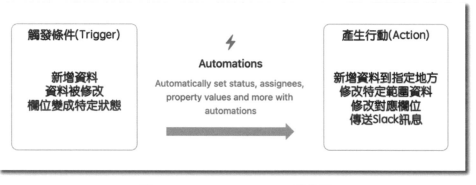

圖 4-76　Notion Automation 概念圖

你可能會發現自動化（Automation）能產生的行動看起來和按鈕（Button）感覺差不多，其實從概念來看，它們是一樣的，只是你可以想像成自動化的背後有一個機器人隨時會幫我們判斷預先設計好的條件，當條件達成時，它就會幫我們按下這個按鈕，讓資料庫可以自動進行特定的運作。這樣一來，我們就連點擊按鈕的功夫都省下了！

4.6.1　建立自動化流程

要建立自動化流程，我們可以從任意的一個資料庫開始，選擇右上角的閃電符號⚡可以開啟選單（如圖 4-77），讓我們依序講解各個步驟：

圖 4-77　設定自動化流程

❶ 開啟自動化流程選單，會列出所有應用在這個資料庫中的自動化流程。

❷ 新增一個自動化流程，一個資料庫可以同時套用多個流程。

❸ 設定流程的名稱，方便進行管理。

❹ 對於暫時不需要但又想要保留的流程，可以讓它暫停執行。

❺ 設定觸發條件，包含：

- Page added：當有頁面被新增的時候。

- Any property：當任何資料被修改的時候。

- [欄位名稱]：當這個欄位被更動或修改成特定值的時候。

❻ 設定觸發後的行動，會開啟選單 ❼，包含幾個不同的行動：

- Ⓐ Add page to...：新增頁面到特定資料庫。

- **Ⓑ Edit pages in...**：修改符合條件的資料。

- **Ⓒ Send Slack notification to...**：傳送 Slack 訊息到指定頻道。

- **Ⓓ [欄位名稱]**：修改該欄位的值。

❽ 一個自動化流程也可以產生多個行動。

現在試著添加一筆新的資料，這時就可以看到 Status 欄位和 Date 欄位都自動填入了我們設定好的值（通常會有 1 ～ 3 秒的延遲），效果如圖 4-78。

圖 4-78　自動化效果

如何，現在有感受到自動化流程帶來的魅力了嗎？也許目前你還沒有什麼可以使用的想法，那麼讓我透過幾個實用案例來說明自動化的應用場景。

Notion 實作 7

自動產生資料庫關聯

還記得在實作 6 的資料庫關聯例子中，我們是手動添加 Relation 的，但我也有提過它可以自動化嗎？沒錯，現在就要來提供解答步驟！

➤ 實作步驟

要讓某個資料庫的資料可以自動關聯到彙整總表中的某個條目，步驟很簡單，如圖 4-79 所示，我們只需要：

❶ 在原本的資料庫添加一筆自動化操作。

❷ 觸發條件選擇「Page added」(當新增頁面的時候)。

❸ 動作選擇修改 Relation 類型的「資訊彙整總表」欄位值。

❹ 欄位值選擇我們總表中的條目。

圖 4-79　使用 Automation 自動建立資料庫關聯

如此一來，當該資料庫添加每一筆新的資料時，都會受到這個自動化操作的影響而自動關聯到我們的資訊彙整總表中，這樣就不用每次都得手動輸入關聯了！

自動標記任務開始／完成時間

若你曾經用 Notion 來管理和記錄任務的時間，應該會覺得要手動記錄時間欄位是一件挺麻煩的事情——按下欄位、選擇日期、輸入小時與分鐘、按完成。如果只是少數幾筆的情況倒也還好，但如果我們希望用 Notion 來做長期使用，這勢必會是一個不小的阻礙，因此也可以使用 Automation 來解決這個問題。

我們只需要在觸發條件的地方做一下調整，如圖 4-80 所示：

- 當執行狀態被設定為進行中的時候 → 記錄當下開始時間

- 當執行狀態被設定為完成的時候 → 記錄當下結束時間

圖 4-80　使用 Automation 自動記錄任務開始／結束時間

如果你的任務只需要記錄到天，只要把上面設定的「Now」替換成「Day」就可以了。

4.7　Notion API

隨著現代社會的快速發展之下，各種好用的新應用與服務如雨後春筍般地冒出。但是這些應用之間往往資訊是無法溝通的，時間一長這些應用對我們來說就形成了一座座的資訊孤島，我們的資料散落在各種的 APP 或服務當中，但我們卻失去了對這些資訊的掌控權。

面對資訊孤島林立的現象，我們就可以依靠本節要介紹的秘密武器 —— Notion API，它可以讓 Notion 不只是 Notion，而是可以將我們散落在各處的資料全部在 Notion 當中進行同步和整理，讓我們有一個單一的入口可以對所有的資料、事情進行掌控，達到真正的 All In One 境界。

4.7.1　什麼是 Notion API ？

要講到 Notion API 是什麼之前，我們先簡單提一下 API[8] 是什麼吧：我們可以想像平常在操作各種應用時是依靠人（透過手指或滑鼠）的操作來達成的，而 API 就是開發者預先設計好的一套規則，讓你可以用程式來幫助你達成原來的操作。

那 Notion API 自然就是 Notion 官方提供的一套規則，讓你對 Notion 進行讀取或是寫入的操作。只要透過這些基本操作的組合，就可以讓我們用程式以自動化的方式來管理和操作 Notion，也可以用在不同的應用之間的資料同步哦。

---

*8　API：Application Programming Interface，應用程式介面

圖 4-81　Notion API

▶ 取得你的 Notion API

為了避免我們的資料被未經授權的人存取，我們在使用 API 的時候必須要有一個可以作為身分驗證的東西——通常稱作 Token 或是 API key。

要獲取能代表我們身分的 Token，我們可以在 Notion 介面中選擇「Setting」>「Connections」>「Develop or manage integrations」來開啟 API 管理介面，如圖 4-82。

圖 4-82　從設定進入 API 管理介面

之後會跳出一個網頁，上面就是隸屬於我們這個 Notion 帳號下的所有建立的 API 清單，如果尚未建立，可以在左側的按鈕建立一個新的 API，如圖 4-83。

圖 4-83　Notion API 管理介面

要建立一個新的 API 應用，我們需要填寫與設定一些資訊（圖 4-84）。

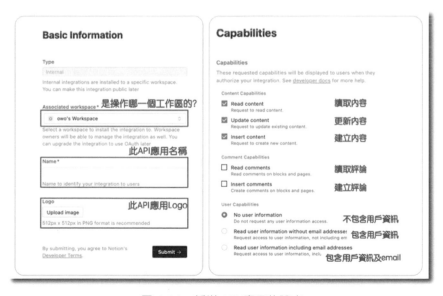

圖 4-84　新增 API 應用的設定

預設會需要提供：

- 此 API 應用所關聯的工作區，有多個工作區的話只能使用不同 API 來操作。

- 此 API 的應用圖示，會顯示在你的應用清單中。

建立後我們可以調整這個應用的權限：

- **讀取、更新、寫入內容**：預設開啟。

- **評論權限**：預設關閉。

- **用戶資訊**：預設關閉。

⏰ **注意**

如果你要用到後面會介紹的 Make 來串接 Notion，因為它是使用用戶資訊來驗證 API 有效性的，所以在上面關於用戶資訊的部分就不能設定為不包含任何資訊，另外兩個設定都是可以的。

都設定好之後，我們就可以得到屬於我們、屬於這個應用的 API Token 了（圖 4-85）。你可以針對不同的應用或是不同工作區，建立多個不同的 Token。

圖 4-85　取得 Token

注意

只要取得這串 Token 之後就能操作你的 Notion 資料庫了，請務必保管好你的 Token，如果不小心洩漏出去，請趕快重新生成一組新的來替換。

4.7.2　常見的跨應用串接方式比較

因為 API 的開放，在 Notion 中有非常多應用可以串接。這些跨應用的串接有些很容易，有些則比較有學習成本，所以就讓我們從易用性的角度，整理出有哪些不同種類的 Notion 跨應用串接。

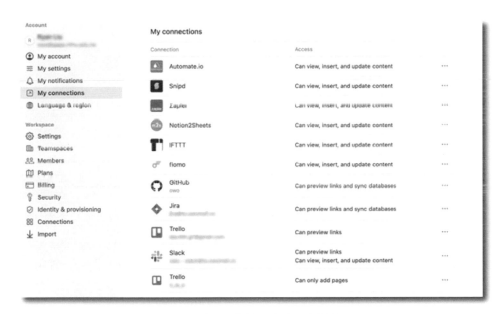

圖 4-86　各種不同的第三方應用串接在 Notion

➤ Level 0：使用 Notion 內建的跨應用服務

這是最簡單容易上手、最方便的方式。Notion 本身已經整合了許多服務（見表 4-1），這些服務使用起來是最不需要學習成本的。

Notion 提供的第三方應用程式			
Adobe XD	Asana	Box	Codepen
Deepnote	Dropbox	Excalidraw	Figma
Github	Gitlab	Google Drive	Google Map
GRID	Jira	Loom	Miro
Onedrive	Replit	Slack	Trello
Twitter(X)	TypeForm	Whimsical	Zoom

表 4-1　Notion 資源的第三方應用（僅列出部分）

- **優點**：官方提供的最原生的體驗，通常不擔心會出什麼錯，用起來最省心。

- **缺點**：可以選擇的對象比較有限（但其實還是挺多的就是了）。

- **推薦應用**：GitHub、Google Drive、Slack。

➤ Level 1：應用程式內建串接服務

這部分則是某些應用的開發者根據 Notion 的文件，為你寫好了資料要用什麼格式 & 同步哪些資料，因此通常使用者只要在應用程式中開啟就好。

- **優點**：不太需要什麼技術，只要記得授權時控制一下範圍即可。

- **缺點**：目前這種類型的應用比較少，每個應用程式提供的品質也無法保證，比較難找與嘗試。

- 推薦應用：Readwise[*9]、Snipd[*10]、Notion2Sheet。

▶ Level 2：透過第三方服務做到串接

好的開發者有限，但好的創意是無限的 —— 也許你有一些比較個人化的需求想進行配置，但沒有人幫你開發過或是你不會寫程式怎麼辦？這個時候就可以透過一些專門提供自動化跨平台串接服務的應用來達成！

- **優點**：自由化程度比較高，只需要一些基礎邏輯，就算不會寫程式也可以串接，同時不用自己提供伺服器進行運算。

- **缺點**：如果要做到比較複雜的邏輯，部分服務的免費版額度可能不夠用。

- 推薦工具：Zapier、Make、IFTTT。

▶ Level 3：自己寫程式來串

最進階的玩法，沒有人來寫怎麼辦？自己寫啊！

這個方法具有最高的自由度，但因為需要實際動手撰寫，不論是時間或是上手門檻的需求都比起前面幾種方法高出許多。

- **優點**：自由度最高，想怎麼做就怎麼做。

- **缺點**：上手門檻高，需要有一定程度的程式撰寫能力，可能需要有可以執行運算的設備。

- 推薦工具：Postman、Python、JavaScript、Siri Shortcut。

---

*9　提供各處資料（文章、影片、電子書等主要資訊數位來源）彙整的一款付費軟體，使用推薦連結註冊可以免費試用60天：https://readwise.io/i/owo。

*10　免費的Podcast應用，提供方便的筆記記錄功能。

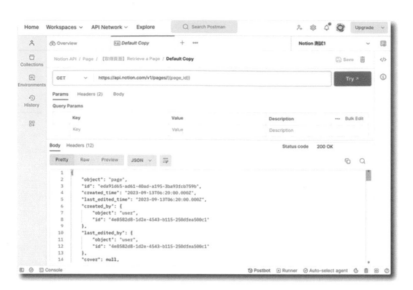

圖 4-87　使用 Postman 測試 API

Notion 實作 9

將 Google Task 任務串接到 Notion（使用 Zapier）

在所有提供應用串接的服務中，Zapier 是最容易上手的一個。因此想要試著學習串接 Notion 與其他應用，不妨從 Zapier 開始。

▶ 背景說明

不同的工具通常會有不同的優勢和適合的場景，Google Task 是一個可以方便和 Google 其他服務（日曆、Gmail、雲端……等）結合的簡單待辦任務管理工具。

如圖 4-88 所示，在這個應用案例中，我們會使用 Zapier 建立一個從 Google Task 到 Notion 的自動化串接，同時結合 Google Task 和 Notion 彼此的優點。

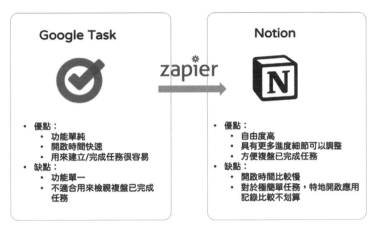

圖 4-88　Google Task 與 Notion 比較

要使用 Zapier，我們先前往它的官網[11]建立帳號，之後它會詢問你想要用來串接什麼。

圖 4-89　選擇從 Google Task 開始串接

---

*11　Zapier官網：https://zapier.com/。

➤ 當 Google Task 新增任務時，同步到 Notion

在選單中我們分別選擇好兩邊的應用（圖 4-90）：

- 左邊：當 Google Task 新增一個任務的時候。

- 右邊：在 Notion 中新增一個資料庫記錄。

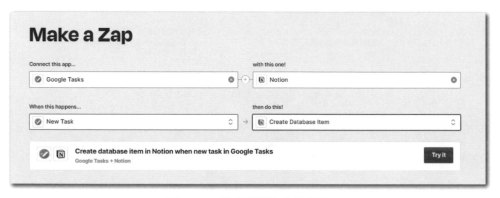

圖 4-90 設定觸發條件與行動

接下來會要求你的 Google 帳號授予權限，並且選擇要使用哪一個任務清單，這邊筆者選擇「個人」（見圖 4-91）。

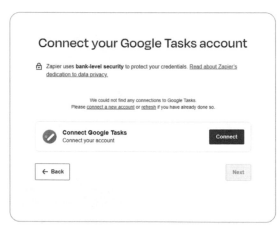

圖 4-91 設定 Google Task

設定好之後，它會要求你在 Google Task 地方新增一筆資料，然後回到 Zapier 測試是否有讀取到那筆資料，若有成果則會看到類似圖 4-92 右側的顯示。

圖 4-92　Zapier 讀取到新增的 Google Task 任務

接下來就是添加 Notion 的設定了，跟前面一樣，我們需要登入 Notion 驗證、選擇要添加的目標資料庫（圖 4-93）。之後在底下選擇每一個欄位，填入剛剛 Google Task 取得了什麼值（這會有點像連連看遊戲）。

圖 4-93　Zapier 將資料儲存到 Notion 的哪些欄位

填好之後可以測試看看，如果沒有問題的話就完成了，如圖 4-94。

圖 4-94　Google Task 自動添加到 Notion 流程

▶ 當 Google Task 任務完成時，狀態同步更新到 Notion

有了新增，那當然也要有完成時候的狀態同步。不過因為這邊用到了 3 個步驟（圖 4-94），因此會需要有 Zapier pro 才能執行（註冊預設會有 14 天體驗）。

圖 4-95　Google Task 狀態同步到 Notion 流程

因為是當任務完成的時候觸發，所以在第一步驟的條件我們換成「New Completed Task」。

第二步驟我們要找到要修改的對象，這會需要我們在建立資料的時候額外有一個欄位填入「Task ID」，在後面我們就可以用 ID 去尋找要修改的對

象,如圖 4-96 左側。而第三步驟就是去修改對應的值,以這邊為例就是把 progress 設定為「Done」完成,如圖 4-96 右側內容。

圖 4-96　Zapier 尋找 Notion 中的項目並修改

最後就是關於 Zapier 的計價方式,每次執行一個任務叫做 1 個 task,每個免費帳號每個月可以執行 100 個 task,並且最多只能有 5 個任務流程(稱為 zap)同時啟用。你可以在你的 Zapier 左下角看到目前的使用量(圖 4-97),以及何時會重新計算用量。

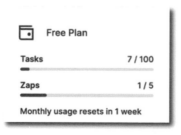

圖 4-97　Zapier 用量統計

Notion 實作 10

將 Gmail 信件儲存到 Notion（使用 Make）

如果你覺得 Zapier 免費版功能太過受限，又或是希望能有更靈活的架構，那麼你可以試試看另一個同樣強大、方便的串接工具——Make。

▶ 背景說明

其中一個我們會希望用 API 來解決的問題，就是資料散落在太多不同的地方。雖然在每個不同的應用程式中使用才會有最完整的功能，但許多時候我們只是想要有個統一的地方做初步的篩選管理，等有需要再開啟不同應用程式。

因此在這個範例中，我們將會使用 Make 建立一個自動將收到的 Email 儲存到 Notion 的自動化工具（圖 4-98）。

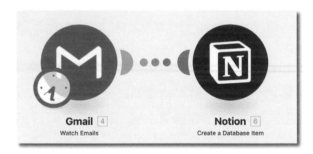

圖 4-98　使用 make 將 Gmail 信件串接到 Notion

▶ 當 Gmail 收到信件時，添加資料到 Notion

要使用 Make，就要先進入它的官網 [*12]，然後選擇「Make Platform」註冊帳號（圖 4-99）。

---

*12　Make官網：https://www.make.com。

圖 4-99　Make 官網

建立好帳號之後從左側選單選擇「Scenarios」，會列出目前所有建立的自動化流程（圖 4-100），選擇右上角的「Create a new scenario」建立一個新的流程。

圖 4-100　在 Make 中建立一個 scenario

之後會開啟 Make 的編輯區域（圖 4-101），我們可以在 ❶ 新增一個步驟，❷ 按執行一次整個流程，❸ 可以設定是否定期執行，❹ 是一些設定和功能，❺ 是一些進階處理的內建工具。

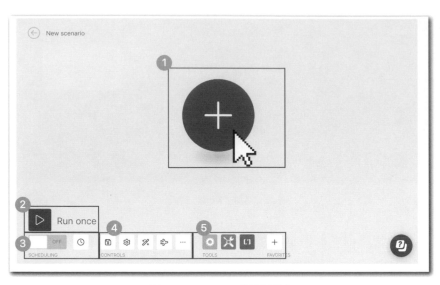

圖 4-101　Make 編輯區域

讓我們先新增一個「Gmail」節點，選擇「Watch Emails」——當收到 Email 的時候觸發（圖 4-102）。

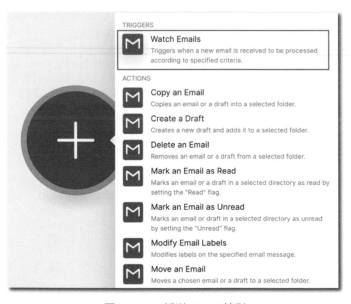

圖 4-102　新增 Gmail 節點

在第一次使用的時候也會需要登入 Google 帳號進行授權，之後填入一些諸如「要從哪一個資料夾」取得信件、取出的信件「是否要篩選」、取得信件後「是否要將原本信件標記為已閱讀」等設定後就可以了（圖 4-103）。

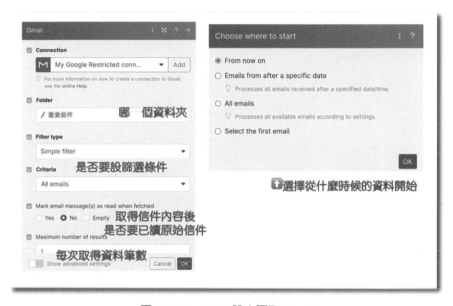

圖 4-103　Make 設定讀取 Gmail

接下來讓我們寄送一封 Email 到該信箱，按卜左卜角的「Run one」或是右鍵 Gmail 圈圈選擇「Run this module only」執行看看。

若有順利抓到信件的話，底下會顯示綠色的勾勾 ✓，我們可以在右上角的放大 🔍 查看讀取到資料的詳細內容。

圖 4-104　測試 Make 是否有抓到 Gmail 信件

看起來有點複雜沒關係，等下我們只會用到其中比較重要的幾個區域而已。

接下來再新增一個 Notion 步驟（兩個步驟記得要連起來）。如圖 4-105，第一次也會需要驗證，不過它是用 API Token 的方式進行驗證。輸入進 API Token 之後記得回到 Notion，在你要給它編輯的那個資料庫的右上角選單中選擇「Add connections」>「你的 API 應用名稱」。

填入 API Token

添加權限給你的 API 應用

圖 4-105　Make 連結 Notion

成功驗證建立連結之後，我們回到 Make 中，選擇對應的資料庫（圖 4-106）。

- 可以選擇手動輸入資料庫 ID，或是用搜尋的方式。

- 如果選擇用搜尋，「Query Search」可以留空，選擇你的資料庫名稱就好。

圖 4-106　Make 新增資料到 Notion 資料庫

最後在各欄位（視需求而定，記得要先建立好）填入前面取得的 Email 內容，我這邊分別填入這幾項：

- **信件主旨**：`Subject`

- **URL**（點擊可以快速跳至 Gmail 的對應頁面）：`Message Link`

- **內文**：`Text content`

- **寄件人**：`Sender: Email address`

如此整個流程就串接完畢了，我們可以再按「Run Once」測試看看，如果一切正常，就會在 Notion 中看到對應的內容被新增了，如圖 4-107。

圖 4-107　Make 同步 Gmail 效果

不過 Make 和 Zapier 稍微不太一樣的地方，就是它的觸發條件是用「定期檢查」的方式進行，因此我們需要設定它多久檢查一次，免費版的話最低是 15 分鐘檢查一次（圖 4-108）。

圖 4-108　設定 Make 檢查週期

然後計價方式也稍微和 Zapier 不同，Make 的使用量如圖 4-109 所示：

- 每個行動（包含判斷）都稱作一個操作（Operation），每個月可以免費使用 1,000 個操作。

- 最多同時啟用 2 個自動化工作流。

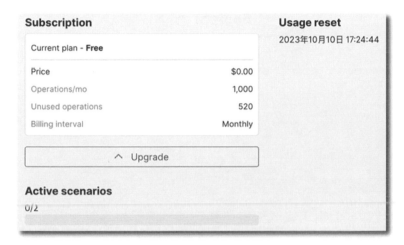

圖 4-109　Make 使用量統計

Notion 實作 11

用 Siri 快速記錄內容到 Notion

最後，如果你手邊有蘋果的設備（iPhone / Mac / iPad），甚至可以直接在自己的設備上透過 Siri 將內容記錄到 Notion 中。雖然製作的過程會比前面的工具複雜一點，但好處是它是完全免費，而且資料完全掌握在你自己手中，非常適合重視資料安全或不想花費的人。

➤ 建立 API 應用並取得 Token

這邊一樣參考前面的方式建立一個應用並取得 API，建議可以加一個圖示會比較方便辨認，如圖 4-110。

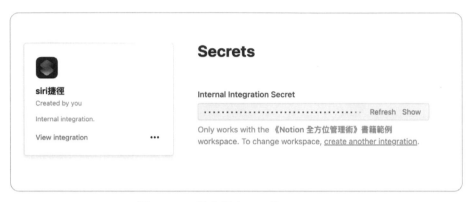

圖 4-110　建立用在 Siri 的 API Token

我們要來建立一個用來接收資料的資料庫，除了標題以外還要包含一個 Text 欄位（實際上任意欄位都可以，只是這邊以 Text 欄位做示範），也可以包含一個 Created by 欄位來驗證資料是否是由 API 建立的。然後我們開啟右上角選單，在裡面選擇「Add connections」，添加我們剛剛的 API 應用（我取的名稱叫 Siri 捷徑），如圖 4-111 所示。

圖 4-111　新增資料庫及設定 API 權限

➤ 設定 Siri 捷徑

接下來你可以從附錄 A-1 的範例資源中取得這次的捷徑（如圖 4-112，記得
用 Safari 開啟）。

圖 4-112　以 Safari 開啟捷徑範本

點選「取得捷徑」>「加入捷徑」後，會先跳出來一個表單要你填入你的相關設定：

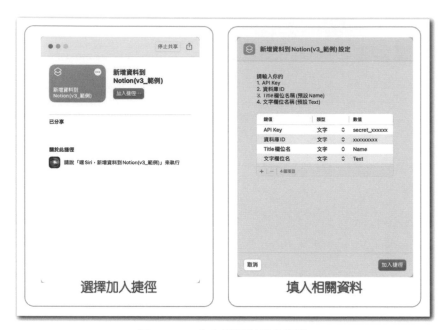

圖 4-113　加入捷徑並設定資料

其中：

- API Key 是剛剛才取得的那組 secret_xxxx 的東西。

- Title 欄位名和文字欄位名稱若沒有更動過，預設分別為 Name 和 Text 可以直接用。

- 資料庫 ID 可以透過複製資料庫連結取得，舉例來說：

```
https://book-example.notion.site/c278958e0d9b4e2093a9e0d931776ff7?pvs=4
                                  <----------- 資料庫 ID----------->
```

➤ 執行 Siri 捷徑

這樣基本上就建立完成了,接下來你有 3 種不同方式可以執行它。

- 執行方法 1:分享捷徑到主畫面後用點選的

圖 4-114   加入捷徑到主畫面

- 執行方法 2:對著 Siri 呼叫

  將捷徑名稱修改成方便我們唸的名稱,例如「新增資料到 Notion」,這樣只要對著 Siri 喊說:「嘿 Siri,新增資料到 Notion」就可以執行了!

- 執行方法 3:使用 iPhone 輔助使用功能 - 敲三下背面觸發

  在輔助設定中開啟「背面輕點」,選擇執行對象為這個捷徑。

圖 4-115　輔助觸控設定

試著用不同的方法執行看看，你應該就會看到資料出現在你的資料庫中了
（圖 4-116）！

圖 4-116　Siri 添加資料結果

➤ 捷徑內容說明

如果你希望深入了解其中的原理，或是想要撰寫自己的捷徑的話，可以試著開啟這個捷徑進入編輯畫面看看每一步。其中最關鍵的兩個部分是：

- 設定要添加的內容，是以 JSON 格式儲存的，要符合 Notion API 的語法 [13]（圖 4-117）。

圖 4-117　要添加的資料 JSON

---

[13]　更多詳細語法，可以前往官方文件進行參考：https://developers.notion.com/。

- 使用 API Key 產生一個 HTTP 請求，把前面的資料傳送給 Notion（圖 4-118）。

圖 4-118　使用前面的資料發起 POST 請求給 Notion

Notion 財務管理

讓你的收支資料庫更有價值的同時,也讓記帳行為變得更輕鬆吧!

(甚至可以免動手唷)

本章重點

5.1 為何記帳習慣總是難以養成?

5.2 為何 Notion 適合用來記帳?

5.1 為何記帳習慣總是難以養成？

許多人都想透過記帳來掌握自己的花費，同時養成良好的財務習慣。然而大多數人往往會在月底沒錢時才開始記帳，過沒多久就又半途而廢。

是什麼讓簡單的記帳變得如此困難呢？我整理了幾個常見的痛點：

- **記帳軟體使用不便**：通常記帳必須再多安裝一個 APP，但每個不同 APP 的品質參差不齊，而且想要移轉 APP 中的資料也很不容易。

- **記帳過程繁瑣**：對於經常重複發生的內容，若每次都需要重複輸入文字和數字，長久下來會容易產生倦怠感，如果只記錄最基本的數字，事後回頭檢視時又會難以分析自己的花費。

- **缺乏花費的動態檢視**：在一般的應用程式中，通常只有固定時間（例如某個月）的檢視方式，但這樣的檢視方式則會造成我們月初時誤以為預算還很多，而快月底時卻已經來不及調整。

- **記錄支出的心理阻礙**：有些人可能覺得記錄花費是一種限制，而這會讓他們感到束縛，因此這種心理阻礙可能會阻止他們開始並堅持這項習慣。

- **缺乏即時反饋**：記帳所產生的反饋往往會需要累積一陣子才能顯現，而且長久、重複的記帳也會容易喪失新鮮感而難以堅持。

5.2 為何 Notion 適合用來記帳？

5.2.1 Notion 可以怎麼做？

因此我們不妨針對這些問題，使用 Notion 設計一個自己的財務管理系統吧。在本章節示範的最終成果中，這個系統可以提供以下這些功能：

- **客製化：** 不會受限於筆記軟體規定的分類，可以自由使用自己定義的類別，並且可以隨時調整。

- **動態檢視：** 動態顯示本週（近 7 天）、本月（近 30 天）、本季（近 90 天）花費，隨時掌握今日的花費對不同時間週期下的影響。

- **多種檢視：** 無論我們的目的是追蹤整體的花費，還是對不同支出類型進行比較，都可以很方便地切換並自動計算出數量、花費等。

- **產生關聯：** 由於資料都是記錄在 Notion 當中，因此不論是提及或被其他頁面提及都十分方便，對於未來仍然有進一步的擴增性。

- **資料自主：** 我們所記錄的原始資料全部都可以匯出，有必要時也可以帶著自己的資料離開這個軟體。

- **搭配 Siri 輕鬆記帳：** 每次要記帳都得打開 Notion 有點麻煩？直接請 Siri 代勞，連動手指的力氣都幫你省下來。

5.2.2 在動手操作之前

看完這些琳琅滿目的功能，已經覺得躍躍欲試了嗎？但請先不要著急，先做一些事前規劃和準備，讓我們的工具能盡量真正符合自己的需求。

➤ 思考自己記帳的目的是什麼

雖然都是在記帳，但是根據每個人的目的，有可能會需要做不同的優化。

以下列出一些常見的記帳目的，提供參考：

- 規劃預算

  - **目的說明**：通常是希望控制每個月花費的額度，並把剩下的錢作其他的使用（例如：儲蓄、投資、購買比較貴的東西）。

  - **調整方向**：有明確的目的和項目的預算，就可以將對應的預算及消耗情況醒目列出，以達到提醒的效果。

- 追蹤消費

  - **目的說明**：可能沒有特別明確的目的，只是單純想把自己的消費資料記錄下來，也可能是希望累積到足夠的資料之後再做行動。

  - **調整方向**：針對這類的人，比起深入在同一個區塊，不如將頁面的資訊豐富度提高，不論是使用嵌入圖表或是篩選過後的資料庫視角都很有幫助。

- 稅務管理

  - **目的說明**：自身針對記帳本身並無特別的需求，只是需要有這些資料，以便報稅或是報帳使用。

  - **調整方向**：針對這類型的目的，一般來說並不會需要很常進行檢視，因此可以用比較基礎的設計為主，同時 Notion 提供的檔案上傳機制也很方便進行發票收據的管理。

➤ 根據需求選擇要記錄的資訊

接下來，對於要建立的資料庫，我們需要先考慮好有哪些資訊是真的應該

被記錄下來的。太少的資訊可能會降低之後能分析的程度，但太多的資訊會導致記錄與管理時的成本增加。

以下列出一些欄位提供參考：

- **名稱、金額**：作為一款記帳工具最基本應該包含的內容。

- **日期**：日期也是必須的，但是就需要思考記錄日期的顆粒度（仔細的程度）應該為何？如果是個人的消費管理，通常記錄到天即可，而如果是需要比較精細的比對，則可能需要有包含到時間。

- **類別**：因為在記帳的過程中，我們希望能針對不同的花費類別做區分，因此可以設定一個類別，例如：飲食、生活、交通、投資、娛樂。

- **子類別（可選）**：如果需要有更詳細的分析，我們可以再深入對每一個類別去區分第二層的子類別，例如飲食可以再區分成三餐、飲料、零食等。

- **收入 / 支出（可選）**：若希望把收入和支出記錄在同一個資料庫中，我們則需要有一個欄位去區分。但若是收入的記錄每個月都很固定，或是需要有額外的欄位，也可以與收入拆分成 2 個資料庫。

- **附件（可選）**：如同前面提到的，如果有對於發票或是收據的記錄需求，便可以新增這個欄位。

Notion 實作 12

動態檢視你的記帳條目

首先，我們建立一個空白的 Page。設定好頁面名稱和 Icon，可以命名一個容易搜尋的名稱，之後如果需要跳轉或是引用時會方便一點。

同時也可以設定一個封面（圖 5-1），不單是為了美觀，也可以在上面放上喜歡的格言或目標以提醒自己。

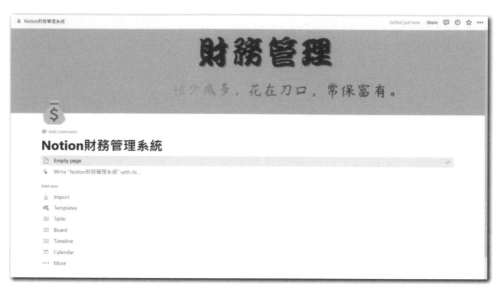

圖 5-1　建立記帳頁面

接著大致劃分一下版面，目前我會先區分成三個區塊（見圖 5-2）：

- 在最上面我加入一個 Callout 區塊，用來說明這個系統的功能，方便以後能快速掌握。

- 中間部分預計劃分成「支出」和「收入」兩個區塊，方便進行比較。

- 底下建立一個 Toggle list，建立一個資料庫，並把這個原始的資料庫藏在裡面。

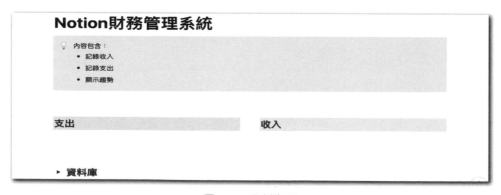

圖 5-2　分割畫面

建立並調整欄位屬性

根據前面 5.1.3 節規劃好要記錄的欄位，接下來就可以開始一個個把它們建立起來，我這邊選擇的欄位為：名稱、日期、金額、收入 / 支出、類別，讀者也可以根據自己的需求做調整。

- 對於預設的 Name 欄位，可以不用修改。
- 新增一個 Date 類型欄位，命名為「日期」，並且修改日期格式成自己習慣的格式（我比較習慣的格式是 YYYY / MM / DD，例如 2024 / 01 / 01）。
- 新增一個 Number 欄位，命名為「金額」。如果希望增加金錢符號的話，可以在 Number format 調整為 New Taiwan dollar 來顯示新台幣，這邊我是因為要讓版面乾淨一點，所以選擇不加。

# 金額	# 金額
110	NT$110.00
50	NT$50.00
40000	NT$40,000.00
120	NT$120.00
200	NT$200.00

圖 5-3　加上金錢符號效果比較

- 新一個 Select 欄位，命名為「收入 / 支出」，並且新增選項。
- 新增一個 Select 欄位，命名為「類別」，並且新增選項。

以上，我們完成了這個資料庫欄位的建立，可以開始試著增加幾筆資料進去（圖 5-4）。

收支資料庫

總表　　Filter

Aa Name	類別	日期	# 金額	收入/支出
午餐	飲食	2023/08/04	110	支出
薪水	薪水	2023/08/01	43210	收入
電腦	購物	2023/08/03	40000	支出
午餐	飲食	2023/07/15	120	支出
餐廳晚餐	飲食	2023/07/18	200	支出
中發票	獎金	2023/07/25	500	收入
零食	飲食	2023/07/22	30	支出
超市購物	生活	2023/07/20	300	支出
水電費	生活	2023/07/28	150	支出

圖 5-4　收支資料庫

動態檢視模式

如果只是單純建立欄位並記錄，那麼其實也沒必要使用 Notion，Excel 或是 Google Sheet 都可以做得更好。

然而 Notion 有一個最核心的地方，就是它可以允許我們對同樣的資料庫設定不同的檢視模式（View），允許我們透過不同的維度來更高效率地使用資料，因此接下來我們會根據需求建立不同的檢視模式：

- **總表 —— Table View**

  一般這種資料很多的表格，都會建議保留一個包含最完整資訊的總表，它可以很有效地讓我們掌握目前資料的整體情況。

  在總表底下，我們可以加入一些合適的統計量（以欄位名稱 / 統計函數表示）：

- 名稱 / Count：計算目前資料庫中的資料總數，就算資料累積超過一頁的長度，這個統計量也會統計所有的筆數。

- 類別 / Unique：計算所有的類別一共有多少種，總表中應該要顯示所有類別的數量，而後續搭配不同的 Filter 之後，更可以用來掌握每個月的財務狀況。

- 日期 / Range：從最初的第一筆資料位置，到目前已經記錄了多久呢？這個持續成長的數字不但可以方便我們計算整體的平均，還可以提供一個持續成長的回饋以促使自己繼續累積。

- 金額淨值 / Sum：將正負的金額相加，便可以得到這個資料庫中我們的淨收支為何了。

- 月收入 / 月支出表 —— Table View + Filter

  在使用過程中，我們完整檢視總表的機會其實不多，大多數時候反而是需要去篩選出一個特定的範圍再進行檢視，這個時候就可以搭配 Notion 資料庫中的 Filter 功能來達成。

- 設定收入支出資料庫

  首先我們會需要劃分的通常會是「收入 / 支出」或是「類別」欄位，因此我們可以添加一個對應的 Filter，只查看對應分類的資料（見圖 5-5）。

圖 5-5　過濾收入支出

小技巧

篩選器的小技巧

如果是同樣的規則，只是希望篩選不同的值的話，可以先建立好一個檢視模式，然後再對其進行副本（Duplicate）操作，這樣就可以省去許多重複操作的步驟！

如此一來，我們就可以得到單純只包含收入或是只包含支出項目的資料庫了（圖 5-6），此時可以將原本的「收入 / 支出」欄位在這個檢視模式中隱藏（因為我們已經篩選過了，所以沒有必要重複顯示資訊）：

Aa Name	⊙ 類別	🗓 日期	# 金額
電腦	購物	2023/08/03	40000
線上購物	購物	2023/08/02	1200
線上購物	購物	2023/07/31	800
購物中心	購物	2023/07/19	500
購物中心	購物	2023/08/12	400
醫療費	其他	2023/07/30	300
超市購物	生活	2023/07/20	300
超市購物	生活	2023/08/10	280
醫療費	其他	2023/08/07	200

圖 5-6　支出資料

此外，為了能讓我們更快從這個表格中獲取有用的資訊，還可以對其加入 Sort 進行排序，常見的方式有：

■ **對金額遞減排序**：主要用來查看最貴的消費記錄是哪一項。

圖 5-7　金額遞減

■ **對日期遞減排序**：方便由距離最近到距離比較遠的日期資料進行查看。

圖 5-8　日期遞減

- **設定月支出／月收入資料庫**

  接下來，我們可以再進一步加入一個日期的篩選器，用來取得最近一個月（30 天）的支出／收入，以方便我們檢視目前的收支狀況。

  先從前面的支出總表複製一份，並且重新命名為「月支出」（見圖 5-9）。

圖 5-9　複製檢視模式

接下來將 Filter 設定為進階模式（見圖 5-10），設定好的篩選器會如圖 5-11 所示。

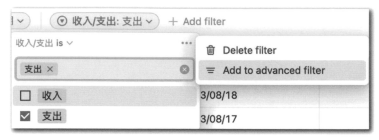

圖 5-10　設定進階篩選器

圖 5-11　過濾為支出

添加一筆規則為「日期」在「今天往前的一個月」的「之後」（on or after），即今天往前 30 天的所有資料，如圖 5-12 所示。

圖 5-12　動態往前 30 天篩選器

如此一來，我們便得到了這一個月的支出資料，建議同時搭配金額降序排列（見圖 5-13）。

圖 5-13　動態過濾月 + 支出 + 金額降序排列

將這份檢視模式複製一份，再調整 Filter 的類別為收入，月收入的檢視模式也完成了（見圖 5-14）。

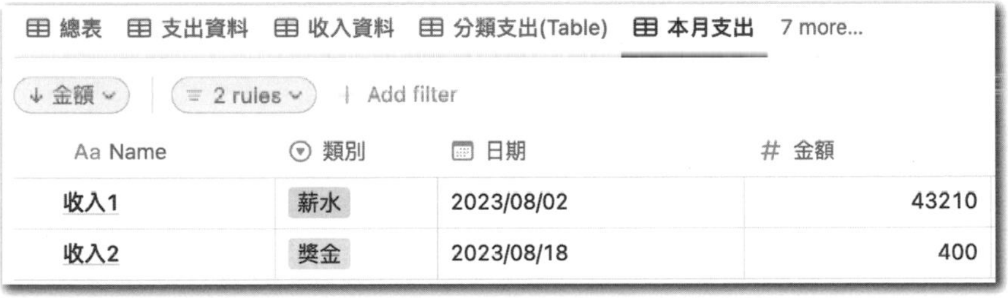

圖 5-14　調整為月收入

● 設定分組檢視

以月支出的資料庫為例，如果希望可以將不同的支出類型分別進行統計，我們也可以加入 Group 功能進行分組檢視。（見圖 5-15）這邊設定以「類別」為分組依據，並且隱藏不包含任何結果的類別：

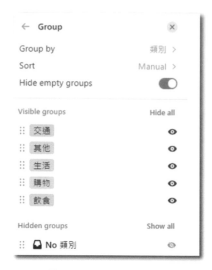

圖 5-15　依照類別分組

成果如圖 5-16 所示：

▼ **交通**　203　···　+

Aa Name	⊙ 類別	📅 日期	# 金額		+ ···
公車票	交通	2023/07/16	20		
加油	交通	2023/08/20	50		
地鐵票	交通	2023/07/25	25		
公車票	交通	2023/08/09	18		
加油	交通	2023/08/01	60		
地鐵票	交通	2023/08/17	30		

+ New

▼ **其他**　790　···　+

Aa Name	⊙ 類別	📅 日期	# 金額		+ ···
捐款	其他	2023/08/08	100		
捐款	其他	2023/07/29	80		
社交活動	其他	2023/08/18	60		
醫療費	其他	2023/08/07	200		
醫療費	其他	2023/07/30	300		
社交活動	其他	2023/07/23	50		

+ New

圖 5-16　類別分組結果

我們檢視的時候，也可以分別把不同的分組折疊起來（見圖5-17），並且設定將原本預設分組統計的「Count」（筆數）替換成「Sum」（總金額）。

圖 5-17　設定組別計算方式

這樣就可以在不展開列表的情況下查看每一個列表的花費總金額了（見圖 5-18）。

圖 5-18　折疊組別效果

- 其他檢視

  - **Board View**

    除了同樣以表格模式加上 Group 進行分組檢視以外，我們還有另一種可以達到類似效果的方式，那就是利用 Board View。這種方式的好處是對於每一個分類資料量比較多的時候，不會因為同一個組別數量太多而無法讓不同類別在同一頁顯示，這樣我們就可以比較不同類別的影響。

圖 5-19　Board View 效果

    預設的 Board View 是只有包含名稱欄位的，我們需要在 Properties（屬性）處把金額加入進來，如圖 5-20 所示：

圖 5-20　開啟顯示金額

- **Calendar View**

同理,對於有日期類別的資料庫,都建議新增一個 Calendar View 的
檢視模式。如此可以方便我們清楚掌握這一個月 / 一週的消費資料:

圖 5-21　Calendar View

在 Calendar 模式中,預設也是只有名稱,我們需要在 Properties(屬性)
中把金額和類別加入進來。

Notion 實作 13

用手錶讓記帳變輕鬆

➤ 背景說明

儘管我們前面設定了許多種可以讓記帳變輕鬆的方式,但最麻煩還是要經
過「打開 Notion」應用程式才能進行操作,這會使得我們每次要進行操作
時都要面對一個心理摩擦力,長久下來仍可能會讓我們無法堅持養成習慣。

既然打開 Notion 會是一個心理摩擦力，那是否可以不用開啟 Notion 就能記錄呢？答案當然是 Yes！既然 Notion 開放了它的 API，我們就可以透過各種不同的方式來達成「不打開 Notion 也可以記錄資料」的目的。而在這之中我覺得用起來最自然、最方便的就是 iPhone 的「Siri」！這邊我們不只要使用 Siri 記帳，更要在 Apple Watch 上使用 Siri 進行記帳！

▶ 常見問題

Q： 除了 Siri 以外，還有什麼工具可以達到類似的效果？

A： Siri 支援語音輸入，所以也可以手動輸入，若是可以接受手動輸入內容的話，也可以利用自動化工具（例如 IFTTT、Make、Zapier）等把類似功能串接到通訊軟體上，就可以透過傳訊息的方式來記錄了！而 Android 裝置上也有名為 Tasker 的自動化工具可以使用，不過上手難度會比較高一點。

在取得捷徑副本後，一樣根據提示填入對應的各個欄位（見圖 5-22）。

鍵值	類型		數值
API Key	文字	⇕	secret_xxxxxx
database_id	文字	⇕	xxxxxxxxxxxx
Title 欄位名	文字	⇕	Name
類別欄位名	文字	⇕	分類
金額欄位名	文字	⇕	花費
日期欄位名	文字	⇕	Date

圖 5-22　填入設定

在底下的分類列表，你可以根據自己的需求進行編輯（見圖 5-23）。

列表

　飲食
　生活
　交通
　投資
　購物
　娛樂

＋ ─ │ 6個項目

圖 5-23　分類列表

最後記得要開啟顯示在 Apple Watch 上（見圖 5-24）。

圖 5-24　設定顯示在手錶上

➤ 成果展示

最後成果串接起來，我們之後要記帳的時候就可以拿出我們的 Apple Watch 來快速記錄了！

我們只需要隨著手錶喊出「嘿 Siri 快速記帳」（此名稱取決於你的捷徑名稱，可以自行更改），之後依照流程回答問題，就可以免開手機記帳到我們的 Notion 上了。

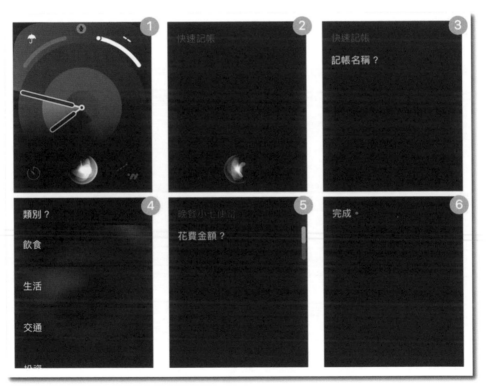

圖 5-25　用 Apple Watch 記帳

➤ 自動從子分類標記主分類（可選）

在這邊的過程中，我們記錄的是比較大的主類別，若你喜歡再往下記錄更詳細的類別，但又不想每次記帳時都要詢問兩次問題，也可以使用 Notion Automation 來達成！我們只需要把每個不同的子類別都添加一個自動化操作，當被設定為這個值的時候就同步設定主分類即可（圖 5-26）。

圖 5-26　設定細項 > 分類自動化

6

Notion 團隊協作

團隊協作的無效循環：

「會而不議、議而不決、決而不行、行而無果」

✎ 本章重點

6.1 團隊協作時的問題

6.2 為何 Notion 適合用在團隊協作？

6.1 團隊協作時的問題

隨著任務規模的提升，不論是在學校或是職場，一個人能完成的事情會越來越有限。

雖然團隊運作時候的人力變多，理論上能處理的事情也會隨之增加，但在實務上往往會花費大量的時間進行溝通和協調，效率未必會比獨立作業高出多少。

- **討論資訊缺乏記錄**：有時候會在會議或討論中產生一些重要的想法和決策，但這些內容卻沒有被妥善記錄下來。當未來難以找到過去的討論記錄的時候，就會使得團隊一再地重複討論相同的問題。

- **累積的文件內容不易檢索**：記錄的內容如果缺乏妥善的整理與規劃，隨著文件量的增加，除了增加工作區的混亂程度，能帶來的幫助也會隨之減少。

- **成員對於團隊的狀態瞭解不易**：在團隊中，我們可能會因為對其他成員進行的任務不夠瞭解，而不確定是否需要提供協助或是有可重複利用的資源，進而導致效率下降。但是反覆的詢問確認也會造成另一種團隊運作的負擔，久而久之就變成每個成員各做各的，團隊的向心力也會越來越低。

- **各種工具與資料散落在不同地方**：文件撰寫用一套工具、專案管理用一套工具、資料整理再用一套工具……這會導致每次要處理一項任務時，都必須從不同的地方去面對散落在各處的資訊。

6.2　為何 Notion 適合用在團隊協作？

雖然團隊的成長更多的是依賴文化與長期的磨合，並非單一的因素可以完全改變的。

但是根據自己的需求去選擇適合的工具，還是一個很值得嘗試的方向。

而根據 Notion 的特性，則可以在這些問題上發揮價值：

- **彈性自由的層級結構 + 方便的搜尋系統**，讓我們能在查詢以往的文件時，既可以根據分類尋找整理，也可以直接針對內容進行快速檢索，降低了資料難以尋找的問題。

- **同結合文件與資料庫的儲存邏輯**，可以在整體資料的整理和單一文件的編輯之間取得一個很好的平衡。順帶也解決了有時「只有一點點內容，單獨記錄一份文件太冗，但忽略或是合併到其他檔案也不夠合宜」的窘境。

- 作為一個 **All In Ono 系統**，我們可以同時在一個地方就去解決文件、專案、日程、資料庫等需求。而必須要使用的第三方服務，也可以透過 **Notion API** 來將需要使用到的服務串接到 Notion 上，省去許多需要反覆切換的時間和心力。

在本章中，我將會透過文件協作、專案管理、日程管理等面向切入，並在這些場景中示範 Notion 可以為我們完成的事情。同時你也可以將這些系統進行結合使用，你可以視自己的需求進行調整。

Notion 實作 14

在 Notion 中開高效同步會議

▶ 傳統會議的困境

為什麼很多人都覺得開會的效率很低而不喜歡開會？你印象中最常遇到的會議是怎樣的類型呢？是不是像以下的狀況……

- 有些人準備好文件和簡報，但基本上就是照著念稿，當詢問台下有無問題時，往往只會得到一片沈默。

- 在會議過程中大家七嘴八舌地討論，看起來好像很熱烈，但實際上大多時間往往都花在一些不重要的枝微末節上。

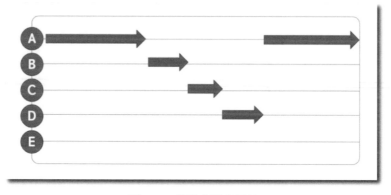

圖 6-1　傳統會議的困境

筆者閒聊

假設今天一家上市公司的董事會要在會議中討論以下三個問題：

(1) 是否要花費 1 億元建立一個新生產線？

(2) 是否要花 10 萬元為公司員工提供一個免費健身房？

(3) 是否要花 5,000 元為辦公室買一台咖啡機？

似乎理性上我們應該要花更多時間在更重要的事情上，實際上人們卻很有可能很快地通過了問題 1 和問題 2，然後花大量的時間討論問題 3。

帕金森瑣碎定律（Parkinson's Law of Triviality），又名雞毛蒜皮定律。由英國歷史與政治學家帕金森在 1957 年提出的現象——人們因為對於大型議題比較難有全面的理解、害怕自己提出的看法不夠有程度，因此反而對各種簡單瑣碎的小事的意見會特別多。即大多數人在組織中討論各項事情的時間，跟重要程度是呈現負相關的。

針對這樣的情況，我們可以試著去分析一下困境為何：

- **會議準備者**：雖然大家都知道在開會前做好內容和議程的準備對會議是有幫助的，但是在大多數的情況下發出大的文件在會議前都不會有人看，因此對於準備會議的人來說就缺少了認真準備資料的動機。

- **發言者**：同一個時間只能有一個人發言，因此如果有許多人對同一個內容有不同看法時，往往必須依序等其他人發言完，無形之間就消耗了許多的時間。

- **摸魚者**：對於不用發言的人來說，就算沒有專注在會議上似乎也沒有什麼損失。因此開會時常常會有在底下做自己事情的人，他以為這麼做可以節省自己的時間，殊不知其實是浪費了整個團隊的時間。

- **團隊領導者**：對於領導者來說，他在會議中最在意的通常有兩個重點——「問題能不能被解決」以及「花費了多少資源（時間、金錢、人力…）」，但是我們可以從上面幾點看出，在如此低效率的會議模式下，這兩點往往是很難被滿足的。

我們真的解決不了這些會議的困境嗎？其實未必，我們只要有一種可以讓大家「能多人同時發言」、「省去不重要小事的討論時間」以及「在每次會議完可以不用額外製作會議記錄文件」的方法——**飛閱會模式**。

這個會議模式最早是由生產力軟體「飛書」所提出，不過同樣的概念其實並不會侷限在單一的軟體中，因此我們也可以在 Notion 上進行實現。

➤ 飛閱會模式

那這個模式要如何進行呢？讀者可以先瀏覽圖 6-2，大致了解使用飛閱會模式的會議範例。

1. **在會議開始之前**：先將要討論的內容以文件方式進行記錄，若是有不同的方案需要選擇，也將對應的內容放在文件當中。

2. **在會議剛開始的前 10 分鐘（時間可以視情況調整）**：所有人在同一個空間內對會前文件進行閱讀，並且將對文件上有意見的地方直接用註解進行標記。而對於其他人提出的標記，也可以直接在同一個討論串下進行回覆，此時不需要得到一個確切的結論，只需要把不同的意見都列在上面就好。

3. **在會議進行的後半部分**：直接針對那些有意見標註的地方進行討論，而對於大家在討論前就有達成共識的部分，可以跳過，甚至是那些完全沒有標註的部分也可以跳過。

4. **結束會議之後**：討論的細節與決議基本上都已經直接被記錄在文件當中了。此時我們只需要將其中需要去進行的行動項目整理出來，便可以以一個非常完整有效率的形式結束一次的會議了。

軟體開發項目會議文件

會議目的
討論即將開發的新功能方案A和方案B，並決定採用哪一個方案。

方案A - 使用者自訂介面

描述
允許使用者自訂軟體的介面，包括顏色、布局和字型等。

優點
- 提供使用者更高的自由度
- 可能吸引對個性化有需求的使用者

缺點
- 開發複雜度較高
- 可能需要更多的測試和維護

方案B - 標準化介面

描述
提供一個標準化的介面，所有使用者使用相同的設計和布局。

優點
- 開發和維護較簡單
- 提供一致的使用者體驗

缺點
- 缺乏個性化選項
- 可能不適合所有使用者的需求

A君 4 minutes ago
我認為這個優點非常重要，因為現在的使用者越來越注重個性化的體驗。如果我們能提供這樣的功能，將有助於吸引和保留使用者。

B君 2 minutes ago
我不完全同意這一點。雖然個性化是一個吸引人的特點，但我們也需要考慮到開發和維護的成本。如果這會導致項目超出預算或延遲，那麼這個功能的價值就會大打折扣。

B君 1 minute ago
成本確實是一個重要的考慮因素。但我認為，如果我們能夠精確地評估這些成本並找到有效的解決方案，個性化功能仍然是值得投資的。它不僅可以吸引新用戶，還可以增加現有用戶的黏著度。

Reply...

B君 4 minutes ago
這個缺點也是我們需要嚴肅考慮的。雖然標準化介面可以減少開發和維護的複雜度，但也可能因此失去一部分使用者。

圖 6-2　Notion 線上飛閱會模式

Notion 實作 15

用 Notion 自動建立線上會議室（以 Google Meet 為例）

➤ 背景說明

在歷經了 COVID-19 疫情的這兩年間，線上會議已經在各個領域產生了巨大變化。其中一個最大的變化，大概就是各種線上會議的比例提升了不少。

適當利用線上會議可以幫我們省下不少的交通時間，但每次要召開線上會議時，都必須先在各種會議工具上預訂，再將會議連結儲存下來，這個過程也有點重複作業。

➤ 成果展示

完成本次實作的串接後，我們只需要在 Notion 中建立一筆新的資料（圖 6-3），就會自動執行以下步驟：

圖 6-3　在 Notion 上新增一個會議項目並指定時間

1. 自動建立 Google 行事曆項目（圖 6-4）。

圖 6-4　Google 行事曆上會同步建立該項目

2. 自動建立 Google Meet 連結，並且加到行事曆項目上（圖 6-5）。

圖 6-5　Google 行事曆上會連結到 Meet

3. 將 Google Meet 和行事曆連結自動同步回 Notion（圖 6-6）。

圖 6-6　相關連結都會被加入回 Notion

▶ 實作步驟

在這個實作範例中，我們會使用 Make 進行任務的串接，整個流程圖如圖 6-7 所示：

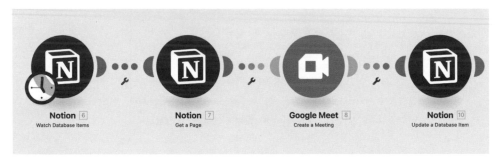

圖 6-7　Notion 串接 Google Meet

STEP 1　監控 Notion 資料庫是否有更新

這個步驟和之前使用的設定差異不大，基本上就是確認有連線到對應的資料庫就好。

圖 6-8 Step1

STEP 2 取得更新的頁面

在前一步所產生處理的結果中,我們會需要用到它的「Database Item ID」,這樣在後面根據這個項目的結果填入。

圖 6-9 Step2

STEP 3 建立 Google Meet

在前一步取得項目的開始時間、結束時間、會議名稱，我們在建立 Google Meet 的時候把它填入對應的區域。

圖 6-10　Step3

STEP 4 更新 Notion

建立完 Google Meet 會議室連結，會得到會議室的連結和行事曆的連結，我們再將它們分別填入 Notion 資料庫的欄位中即可。

圖 6-11　Step4

Notion 實作 16

用自動工作流改善內容團隊生產效率（使用 ChatGPT、Slack）

➤ 背景說明

通常在一些比較大型的團隊中，一個完整的專案可能會分成數個不同的階段，而每個階段都有不同的目標以及不同的負責人。

在這個實作案例中，我們將背景設定在一家製作影片內容的媒體團隊，它的完整專案工作流會經歷「策劃」、「執行」、「投放」、「覆盤」四個階段（圖 6-12）。我會和你分享在這個過程中 Notion 可以提供的幫助，希望能為你帶來一點啟發。

圖 6-12　內容團隊工作流程

首先我們建立一個資料庫，根據我們的需求，它會需要包含：主題、影片連結、表現手法、負責人、進度等欄位，並且在進度欄位中分別設定我們的各階段名稱（圖 6-13）。

圖 6-13　建立影片創作資料庫

➢ 自動化實作 1：讓 ChatGPT 自動幫你發想靈感

每一個偉大的創作都來自於一些小靈感，然而從零開始撰寫草稿總是一件十分有阻力的事情，不如就請 AI 來幫我們開個頭吧！

在這個部分，我們會記錄下來我們影片的主題、傳達內容、表現手法……等到影片創作資料庫中，然後使用 Make 從我們的資料庫中自動提取這些內容。把這些內容餵給 ChatGPT 後，可以請它生成一份草稿，然後再儲存到我們的 Notion 資料庫中，整個流程如圖 6-14 所示：

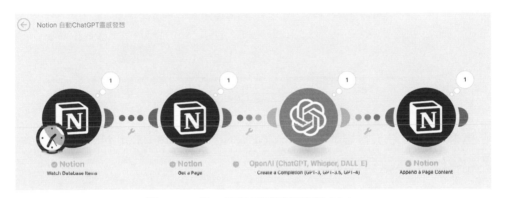

圖 6-14　ChatGPT 靈感發想流程 -Make

前面兩個步驟和 Notion 實作 2 的流程是相同的，因此這裡就不再贅述，而在第三步驟的 ChatGPT，我們會需要使用到 ChatGPT 的 API Key，因此我們要先在它的網站後台[*1] 建立一組 API Key（見圖 6-15）。

---

*1　取得OpenAI API Key：https://platform.openai.com/account/api-keys。

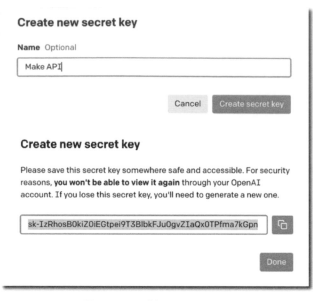

圖 6-15　取得 ChatGPT API

在這個步驟三中，點選添加「ChatGPT」的「Create a Completion」，並輸入剛剛的 API Key 驗證身分：

選擇以 Prompt 輸入的 GPT

輸入 API Key 驗證身分

圖 6-16　驗證 ChatGPT API

接下來就可以設定我們的模型和指令了（見圖 6-17）：

1. 模型可以選擇「gpt-3.5-turbo」或「gpt-4」，後者的效果好很多。

2. 第一則訊息角色為「System」，輸入我們希望 ChatGPT 扮演的身分。

3. 第二則訊息角色為「User」，此時就可以把我們剛剛的 Notion 欄位填入。

圖 6-17　設定模型與提示詞

在步驟四中，我們選擇「Append a Page Content」，新增一個文字段落把 ChatGPT 生成的結果儲存回去（圖 6-18）。

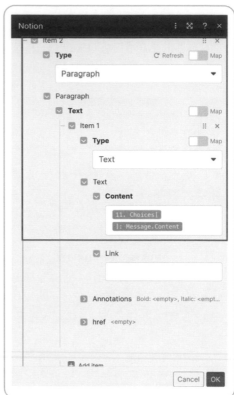

圖 6-18　將結果儲存回 Notion 頁面中

一切設定好之後，既可以按「Run Once」讓它執行一次，或是設定定期執行的週期，這樣當我們添加新的項目的時候，就有 ChatGPT 幫我們快速建立靈感了！

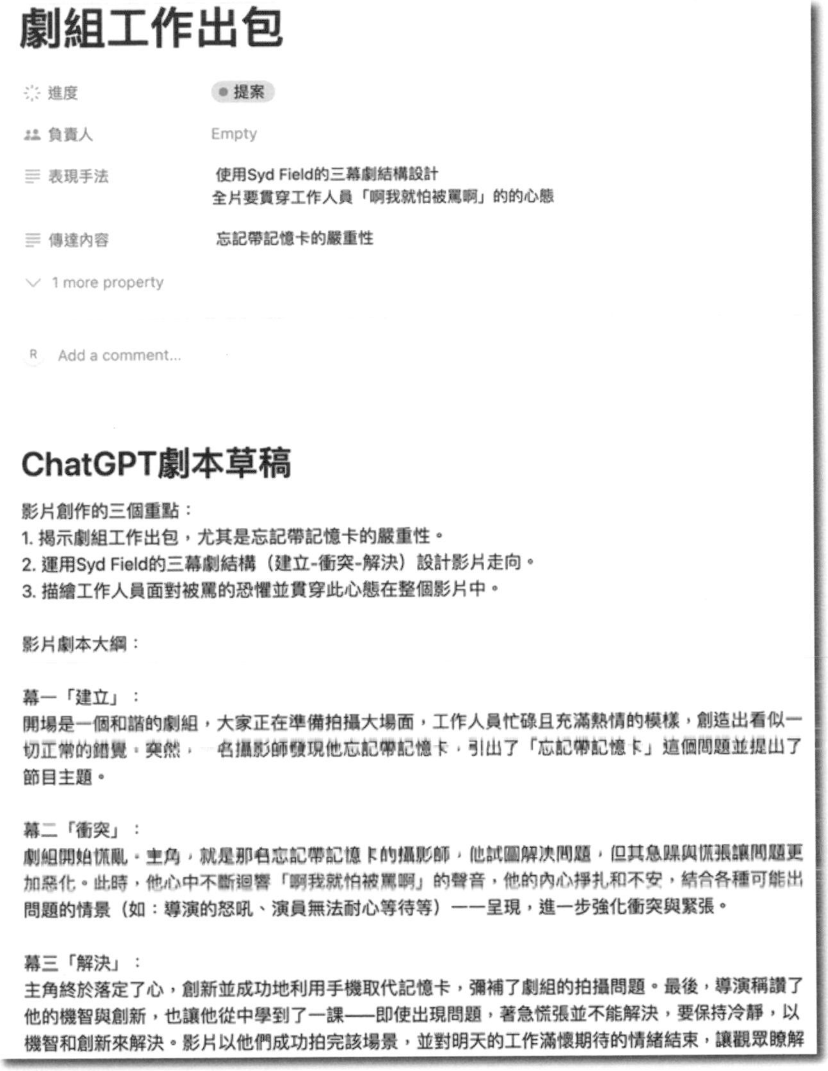

劇組工作出包

☼ 進度   ● 提案

👥 負責人   Empty

☰ 表現手法   使用Syd Field的三幕劇結構設計
                 全片要貫穿工作人員「啊我就怕被罵啊」的的心態

☰ 傳達內容   忘記帶記憶卡的嚴重性

⌄ 1 more property

Ⓡ   Add a comment...

ChatGPT劇本草稿

影片創作的三個重點:
1. 揭示劇組工作出包,尤其是忘記帶記憶卡的嚴重性。
2. 運用Syd Field的三幕劇結構(建立-衝突-解決)設計影片走向。
3. 描繪工作人員面對被罵的恐懼並貫穿此心態在整個影片中。

影片劇本大綱:

幕一「建立」:
開場是一個和諧的劇組,大家正在準備拍攝大場面,工作人員忙碌且充滿熱情的模樣,創造出看似一切正常的錯覺。突然,一名攝影師發現他忘記帶記憶卡,引出了「忘記帶記憶卡」這個問題並提出了節目主題。

幕二「衝突」:
劇組開始慌亂。主角,就是那名忘記帶記憶卡的攝影師,他試圖解決問題,但其急躁與慌張讓問題更加惡化。此時,他心中不斷迴響「啊我就怕被罵啊」的聲音,他的內心掙扎和不安,結合各種可能出問題的情景(如:導演的怒吼、演員無法耐心等待等)一一呈現,進一步強化衝突與緊張。

幕三「解決」:
主角終於落定了心,創新並成功地利用手機取代記憶卡,彌補了劇組的拍攝問題。最後,導演稱讚了他的機智與創新,也讓他從中學到了一課──即使出現問題,著急慌張並不能解決,要保持冷靜,以機智和創新來解決。影片以他們成功拍完該場景,並對明天的工作滿懷期待的情緒結束,讓觀眾瞭解

圖 6-19   效果:自動儲存回 Notion 的 ChatGPT 回覆

➤ 自動化實作 2:自動指派任務職責

整個團隊裡大大小小的任務很多,沒有人可以隨時盯著工具,查看目前有哪些工作要交到自己手上,或是當他們完成自己的任務時忘記通知下一位

成員。如果一直讓這個循環繼續下去，團隊的效率就會因為彼此之間的等待而消磨殆盡。因此我們要試著用一些自動化方法來解決這個問題。

其中一種作法，就是當任務進度被更新成指定的狀態的時候，我們就將任務交給對應的負責人（見圖 6-20）。這樣前一個階段的成員只需要在完成自己的任務之後，將狀態更新一下，就可以自動將任務指派給下一個階段的負責人，完全不用擔心忘記！

圖 6-20　根據狀態自動指派負責人員

而另外一種作法則是根據「一些需要被完成」的欄位作為觸發（見圖6-21）。例如當完成影片上傳後取得影片連結記錄下來，此時任務應該要交由下一階段的宣傳部門負責。或是當任務進入覆盤狀態的時候，在另一個會議資料庫自動建立一筆覆盤會議。

圖 6-21　根據狀態自動設定負責人員 / 自動建立會議

▶ 自動化實作 3：使用 Notion AI 總結會議模板

在前一步驟添加在另外一個資料庫的覆盤會議，如果你有注意到會發現它其實是設定以「覆盤會議」這個模板添加的資料。既然使用了模板添加會議，那裡面的內容總不能空空如也吧？我們除了可以建立一些符合團隊習慣的預設流程，也可以再在此加入一個 Notion AI 區塊用來版面整理會議（見圖 6-22）。

請根據剛剛的會議內容，詳細列出會議的主要討論重點、達成的共識、決策事項，以及後續的行動計畫。
請包括每個重點的具體細節，相關的背景資訊，以及這些決策對團隊或項目的影響。
另外，也請指出任何需要進一步討論或關注的問題。|

圖 6-22　用來整理會議重點的 Notion AI 區塊

這樣當我們需要開覆盤會議的時候，就自動有一個小幫手幫忙整理，也不需要重新下指令了！

➤ 自動化實作 4：讓 Slack 自動發送重要任務通知

不同的任務都有輕重緩急，上層的老闆可能不會經常開啟介面進行查看。這時，如果有一個自動化功能，可以將我們設定為「非常重要」的任務自動發送 Slack 通知上層老闆，這樣的功能就顯得非常有價值了！

圖 6-23　設定重要任務自動通知到 Slack

第一次建立時，會需要取得你的 Slack 的授權。

圖 6-24　取得 Slack 授權

接著我們來試試看，把其中一個任務設定成「非常重要」，就會在 Slack 頻道上看到對應的通知：

圖 6-25　Slack 的自動通知

Notion 個人成長

$$1.01^{365} \approx 37.8$$

$$0.99^{365} \approx 0.03$$

每天成長 1% 或退步 1%，看似微不足道的變化，

經過 1 年的累積，則是進步 38 倍或退步至 1/33 的差異。

在此章節中，我們會探討如何利用 Notion 建立一個個人成長系統，

幫助你持續前進！

✎ 本章重點

7.1　個人成長的面向

7.2　為何 Notion 適合用在個人成長？

7.1　個人成長的面向

現代的生活節奏越來越快，以至於時間總是在不經意間溜走。人們都希望自己能變得更好，但想要改變這樣的困境，或許不應該盲目的依賴自己的「決心」。

畢竟每到新年的時候就會有著各種不同目標的「下定決心」與「新年新希望」。但是習慣的養成與知識的累積卻是一個十分漫長的過程，以至於大多數的決心都會隨著時間的進行逐漸流失，變成「下次一定」和「算了就這樣吧」的想法。

因此我們不妨引入一些外部的工具，幫助自己在這個緩慢累積的過程中能夠突破那一段段微小的阻力。

7.2　為何 Notion 適合用在個人成長？

在這個章節中，我會帶著你使用 Notion 從幾個領域進行切入，為我們個人的長期成長帶來幫助，這三個領域分別為：

- **習慣養成**：透過建立習慣的打卡系統來讓自己產生達成習慣的成就感，如此一來，習慣的長期養成就可以有足夠的正向回饋。

- **日記覆盤**：針對每天、每週、每月、每年的不同尺度之下，透過回顧自己的行動與結果，來將自己過去有價值的東西整理沈澱，同時反思自己可以修正的地方。如此持續調整自己每個不同時期的狀態，讓每一天都能往更好的自己持續邁進。

- 知識管理：不論是想要妥善整理來自不同地方的資料，或是希望把不同地方的輸入經過合適的整理方法後轉換成自己的長期記憶與內容輸出。

> 📝 **筆者閒聊**
>
> 「覆盤」一詞最早是出現在圍棋運動中，意指雙方對局完之後把剛才的對弈過程重新一步一步擺一次，然後在這個過程中互相討論，檢討哪裡下得很好、哪裡是造成最後失敗的「敗著」，同樣的概念也可以應用在我們的人生當中，透過持續的迭代，讓自己能保持成長。

Notion 實作 17

每日習慣打卡表

➤ 目標說明

在這個實作中，我們將會建立一個可以用來記錄每日習慣的打卡表。這個系統可以：

- 在每天（如果有需要，你也可以替換成每週）固定時間新增空白的打卡表。

- 可以提供多種不同的記錄方式：

  - 從原始表格直接勾選。

  - 使用按鈕進行打卡，這樣就可以把按鈕合併到你的首頁或是每日記錄中。

  - 按鈕打卡又可以分別使用個別習慣的記錄，或是批量完成全部。

- 可以將資料彙整到我們在資訊總表中進行合併監控。

➤ 建立打卡表頁面

首先建立一個頁面，用來存放我們這個系統所有會用到的東西。封面和 Logo 可以選擇一個自己喜歡的。如圖 **7-1** 所示，我這邊的封面是用 Habit 當作關鍵字進行搜尋。

圖 7-1　建立打卡表封面

➤ 建立習慣打卡表資料庫

為了存放我們的每日打卡習慣，我們這個頁面中建立一個資料庫，這邊可以選擇使用行內資料庫（Inline Database）來方便在同一個頁面中檢視。

圖 7-2　建立打卡表資料庫

建立好之後就來設定資料庫與欄位的名稱，我這邊以四個習慣（喝水、運動、寫日記、讀書）為例，同時再加上一個日期欄位，方便以後進行關聯處理。

Table					
每日習慣打卡表					
Aa Name	☑ 喝水	☑ 運動	☑ 寫日記	☑ 讀書	▢ Date
+ New	☐	☐	☐	☐	

圖 7-3　新增習慣及日期欄位

➤ 設定資料模板

從右上角的「New」右側的箭頭展開資料庫模板，然後新增一個模板。

圖 7-4　新增模板

由於我們這邊並不需要預先填入內容，所以模板的內容可以留白就好。

圖 7-5　模板設定

之所以要設定模板，我們實際上要用的是 Notion 的自動重複（Repeat）功能，可以在建立好的模板選單中按照圖 7-6 的流程進行設定：

1. 開啟模板設定。

2. 開啟重複功能。

3. 設定重複間隔，這邊可以根據自己的需求從每日 / 每週 / 每月 / 每年……等不同時間做設定。

4. 設定在週期中的什麼時間要觸發，如果是習慣打卡表的這種用途，這裡會建議選擇一個你自己想要作為一天開始的時間點。

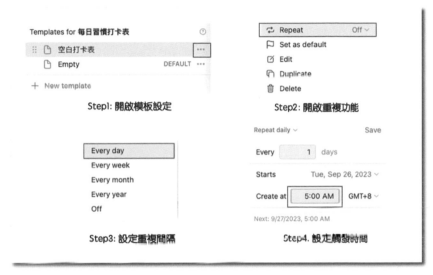

圖 7-6　設定重複功能

如此一來，我們的打卡資料庫中便會在每天的早上 5 點建立一筆記錄在資料庫中，不過這個時候還是空白的記錄。如果要每天手動輸入的話也會很辛苦，所以接下來就來讓新增的記錄可以自動設定格式吧！

▶ 建立自動化

為了讓每天新增的記錄，可以自動標記上不同的日期（不論是標題或是欄位），我們可以使用 Notion 資料庫的自動化功能來達成，可以參考圖 7-7、7-8 的操作步驟：

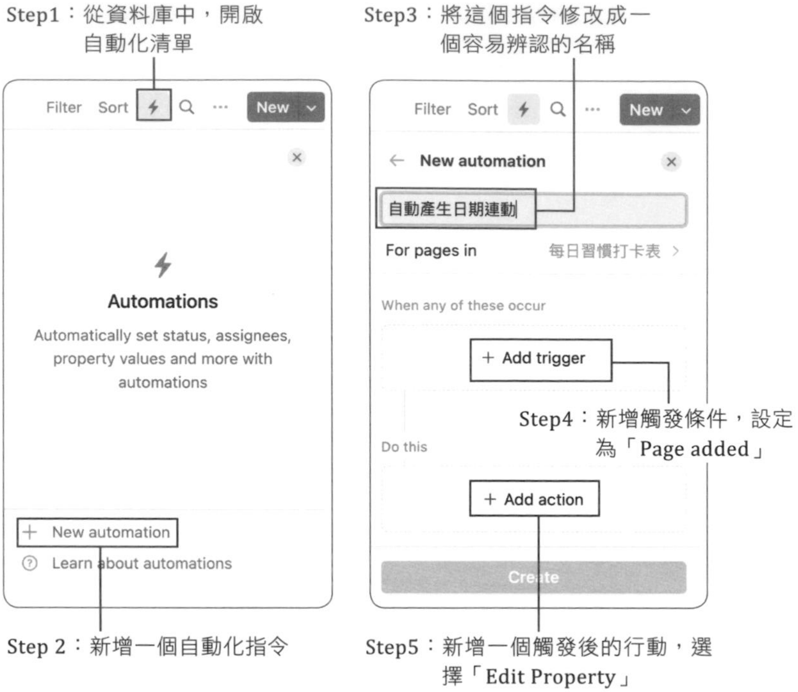

Step1：從資料庫中，開啟
自動化清單

Step3：將這個指令修改成一
個容易辨認的名稱

Step 2：新增一個自動化指令

Step4：新增觸發條件，設定
為「Page added」

Step5：新增一個觸發後的行動，選
擇「Edit Property」

圖 7-7　設定自動化 -1

1. 從資料庫中，開啟自動化清單。

2. 新增一個自動化指令。

3. 將這個指令修改成一個容易辨認的名稱。

4. 新增觸發條件（發生什麼情況的時候，會執行這個流程），設定為「Page added」，即當新增一筆記錄的時候會執行這個自動化流程。

5. 新增一個觸發後的行動（當條件達成的時候，會做什麼事情），選擇「Edit Property」，即當流程觸發的時候會修改對應屬性。

Step 6：選擇要修改的屬性欄位
是「Date」

Step 8：選擇修改另一個屬性
「總表」

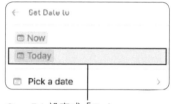

Step 7：設定成「Today」

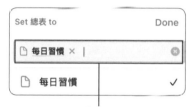

Step 9：設成「每日習慣」

圖 7-8　設定自動化 -2

6. 選擇要修改的屬性欄位是「Date」。

7. 設定成「Today」（今日），這樣就會在每天建立的時候設為當天的日期。

8. 選擇修改另一個屬性「總表」。

9. 設成「每日習慣」，記得要先在總表建立這筆記錄以及建立關聯。

➤ 建立打卡按鈕

再來，我們要建立可以完成行動的按鈕，這裡一共會製作 6 顆按鈕（見圖 7-8）：

- 4 個習慣各 1 顆，記錄完成當日習慣。

- 1 顆完成所有習慣，方便快速記錄。

- 1 顆清空所有習慣，以防我們記錯。

記得每一顆按鈕的 Filter 都要設定過濾 Date 為今日的結果喔：

圖 7-9　設定打卡按鈕

▶ 合併顯示

若是單純只有一堆格子與勾勾，那可能不夠美觀。因此我們可以使用 Formula 把這些欄位進行合併顯示。使用的公式很簡單，就是透過 if 來判斷每個欄位是否有打勾，並決定是否要顯示對應的內容，效果和對應公式如圖 7-10。

圖 7-10　合併顯示效果與公式

➤ 日曆模式

此外，我們也可以計算每日的習慣達成率，效果和公式如圖 7-11。添加好公式後，只需要在頁面顯示屬性中開啟這個新欄位，並且將數值設定成百分比進度條即可（見 3.2.2 節）。

圖 7-11　在日曆上顯示進度

➤ 總表合併計算

因為我們前面已經把資料關聯到總表，接下來我們就可以在總表做各種不同的計算。

如圖 7-12 所示，我們可以在總表中取得總共經過的天數以及有喝水的天數，這樣不論是要用來做習慣比例達成的計算，或是合併儀表板的製作都是可以的。

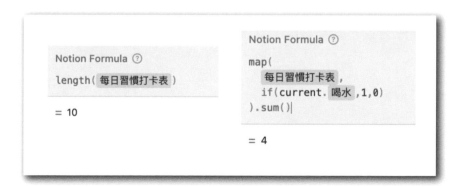

圖 7-12　在總表計算天數

Notion 實作 18

Notion 問題日記（使用 Google Form）

➤ 目標說明

不知道你有沒有聽過「感謝日記」或「問題日記」這個詞？這是一種透過每天向自己詢問幾個最重要的問題，來為自己的一天做出快速、有效的總結。

在這個實作中，我將會透過 Google 表單來製作一個問題日記，幫助你快速記錄自己一天的狀態。

在這邊的範例中，我使用的問題有：

- 今天值得感謝的是……

- 今天發生 3 件令人印象深刻的事情

- 如何讓今天變得更好？

- 對於今天狀態的一個評分

➤ 建立日記頁面

首先一樣先建立一個資料庫（見圖 7-13），並且設定好對應的欄位，要包含：

1. 一個日期欄位。

2. 數個文字欄位用來記錄問題。

3. 一個數字欄位來記錄評分。

圖 7-13　建立問題日記頁面

➤ 建立問題表單

接著，利用 Google 表單來建立前面的問題，如圖 7-14 所示。

圖 7-14　問題日記 - Google 表單設計

小技巧

為了降低每天記錄的負擔，我是只有把評分設為必填，其他問題都視情況來填寫，讀者也可以根據自己的需求去做調整。

▶ 使用 Zapier 同步串接

接下來我們就要用串接工具，把 Google 表單回答的結果，自動填寫到我們的 Notion 上面，這邊是使用 Zapier 進行，流程如圖 7-15 所示。

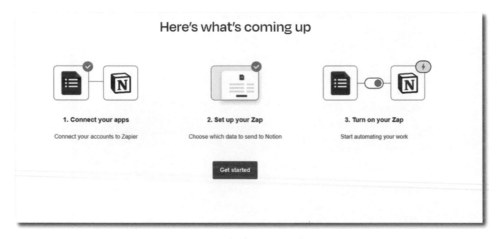

圖 7-15　Zapier 串接 Google 表單和 Notion

在 Zapier 中選擇新增一個 Zap（工作流程），在圖 7-16 的兩個步驟中，我們分別選擇 Google 表單和 Notion。

- 在圖左的 Google 表單中，選擇我們前面建立好的問題日記表單，並且選擇「New from response」——當有新的回覆時候觸發。

- 在圖右的 Notion 中，我們選擇「Create Database Item」，並且將 Google 表單中的對應問題填入到對應的欄位當中。

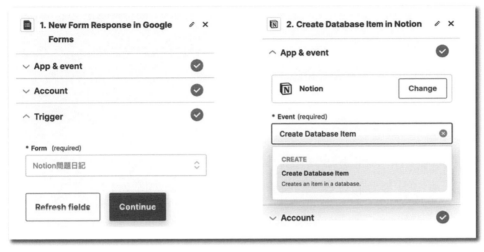

圖 7-16　設定問題日記的 Zapier 流程

如此一來，我們就完成了一個每天花 3 分鐘不到的時間記錄一天重點狀態的問題日記。你也可以把問卷的連結加到收藏夾內，方便每次快速取用。

Notion 實作 19

Notion 靈感日記（使用 Siri、ChatGPT）[*1]

本實作案例前置條件：需要有一台安裝了 ChatGPT 應用的 iPhone 手機。

➤ 目標說明

在這個實作中，我們會建立一個可以在手機上以語音方式記錄一天中零碎想法的功能，並且使用 AI 進行輔助整理成合適內容，這個系統包含：

1. 一個包含每天日記內容的資料庫，每天會自動新增一筆記錄。

---

*1　此系統的靈感來源於YouTuber——MoneyXYZ，筆者重新改良為更適合Notion的架構。

2. 在一天當中的任何時候，透過 ChatGPT 的語音輸入來捕捉靈感和想法。

3. 在一天結束時，使用 ChatGPT 將零碎的內容整理成合適的日記，並且從中提取出重要有價值的資訊。

建立每日日記對話

在這個階段我們會使用 Siri 來呼叫 ChatGPT，讓它在每天的 5:50 建立一則對話，用來記錄我們每日不同零碎想法，相關步驟如圖 7-17 所示：

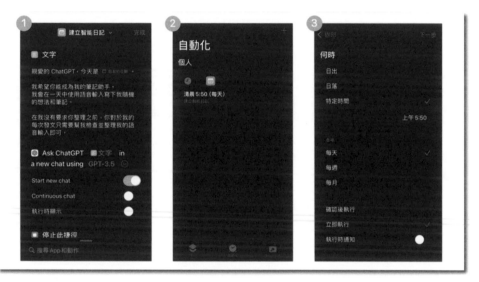

圖 7-17　每日建立對話

在上述步驟中，我們分別做了：

❶ 使用預設的提示詞（Prompt）給 ChatGPT，開啟一個新的對話。

■ 如果你有 ChatGPT Plus，這邊可以使用 GPT-4，效果會更好。

❷ 到捷徑的自動化分頁，建立一個新的自動化，選擇我們剛剛建立的「建立智能日記」。

❸ 設定要什麼時候自動執行，這邊我是選擇每天 5:50——這是一個我一定
還沒起床，但前一天（通常）已經結束的時間。

若一切設定好之後，我們的 iPhone 就會在每天的 5:50 自動向 ChatGPT 去
做詢問，建立一個新的對話串，效果如圖 7-18 所示。

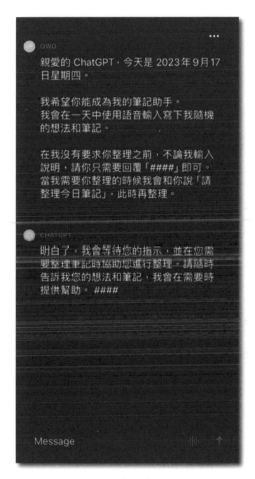

圖 7-18　由 Siri 建立的 ChatGPT 對話

➤ 記錄一天中的靈感

得益於 ChatGPT 內建的語音辨識正確率非常高，所以我們在一天當中有任何轉瞬即逝的靈感時，我們打開 ChatGPT 選擇使用它的語音輸入功能，如圖 7-19。

圖 7-19　ChatGPT 語音輸入

不過因為我們有先下好指令讓它暫時不要回覆，所以正常情況下它是不會給回覆的（但 GPT3.5 有時候還是會多嘴）。

➤ 將每日對話總結成日記

隨著我們逐漸記錄了一天當中的零散的想法和點子，到了一天要結束的時候，我們便可以讓 ChatGPT 來將我們的聊天記錄總結為一篇完整的日記，並且從中挑選出重要的項目。

圖 7-20　總結一天日記

在執行完圖 7-20 的捷徑之後，我們便可以得到關於我們今大各種靈感的總結日記了。

➤ 將結果儲存到 Notion

最後把 ChatGPT 總結的日記儲存到 Notion，這邊的前置作業是我們需要建立一個日記資料庫，它會需要包含一個 Date 欄位。

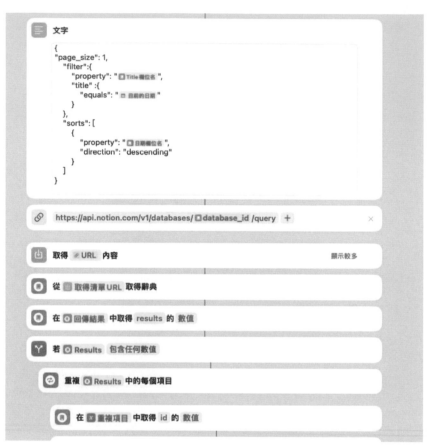

圖 7-21　用來添加到日記的捷徑

在圖 7-21 的自動化流程當中，我們進行了以下操作：

- 從資料庫中尋找日期為今天的項目。

- 如果找不到的話會建立一個。

- 如果找得到，會取得那個項目的頁面 ID。

- 最後把我們的內容儲存到頁面當中，如圖 7-22。

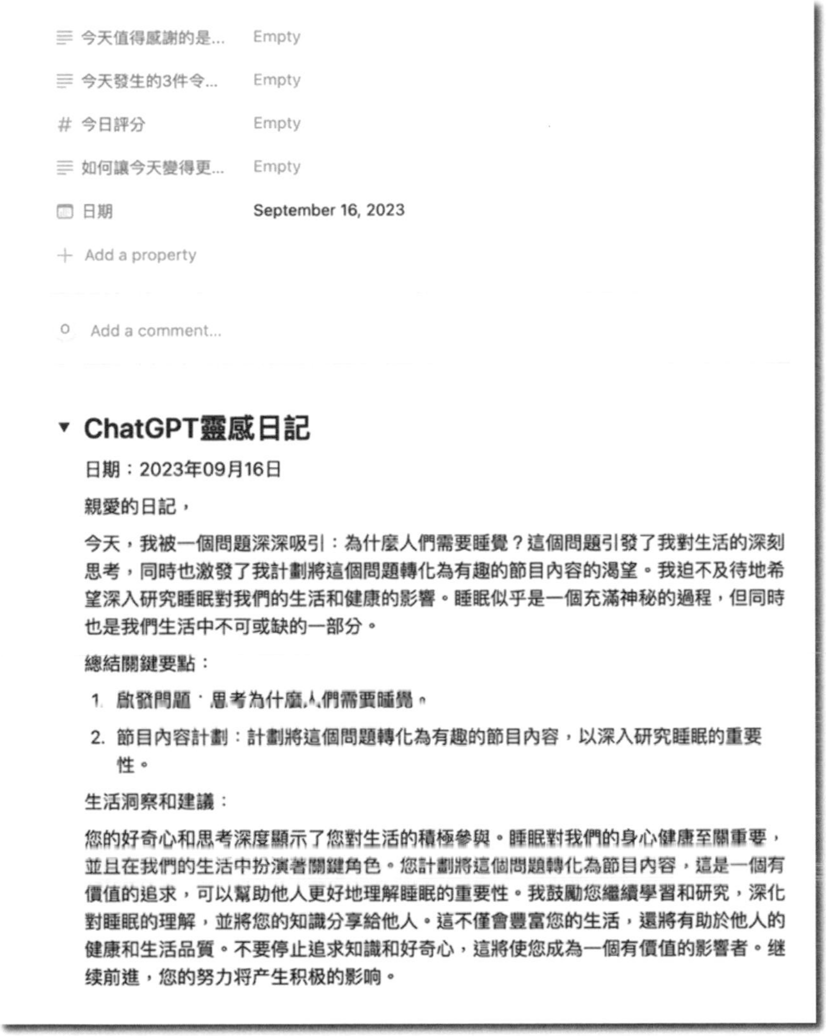

☰ 今天值得感謝的是...	Empty
☰ 今天發生的3件令...	Empty
# 今日評分	Empty
☰ 如何讓今天變得更...	Empty
🗓 日期	September 16, 2023
＋ Add a property	

○　Add a comment...

▼ ChatGPT靈感日記

日期：2023年09月16日

親愛的日記，

今天，我被一個問題深深吸引：為什麼人們需要睡覺？這個問題引發了我對生活的深刻思考，同時也激發了我計劃將這個問題轉化為有趣的節目內容的渴望。我迫不及待地希望深入研究睡眠對我們的生活和健康的影響。睡眠似乎是一個充滿神秘的過程，但同時也是我們生活中不可或缺的一部分。

總結關鍵要點：

1. 啟發問題：思考為什麼人們需要睡覺。

2. 節目內容計劃：計劃將這個問題轉化為有趣的節目內容，以深入研究睡眠的重要性。

生活洞察和建議：

您的好奇心和思考深度顯示了您對生活的積極參與。睡眠對我們的身心健康至關重要，並且在我們的生活中扮演著關鍵角色。您計劃將這個問題轉化為節目內容，這是一個有價值的追求，可以幫助他人更好地理解睡眠的重要性。我鼓勵您繼續學習和研究，深化對睡眠的理解，並將您的知識分享給他人。這不僅會豐富您的生活，還將有助於他人的健康和生活品質。不要停止追求知識和好奇心，這將使您成為一個有價值的影響者。繼續前進，您的努力將產生積極的影響。

圖 7-22　ChatGPT 靈感日記總結到 Notion 頁面中

到這邊，你就得到了一個可以幫你快速抓住並整理一天當中轉瞬即逝的靈感的小幫手。同時因為最後的結果記錄在 Notion 中，你也可以自己再根據 ChatGPT 做出的總結再做微調。

> **Notion 實作 20**

Notion 知識管理系統（使用 Save to Notion、Snipd）

▶ 目標說明

> 我們的大腦並不是用來記憶的，它應該是用來「思考」和「創造」的。
>
> ——《打造第二大腦》

我們每天會接觸到各種各樣的資訊，不論是文章、影片、音訊、書籍，其中不乏許多非常有價值的內容，但我們總是無法讓大腦在短時間內記住這些內容，也捨不得放棄它們。久而久之，我們就變成只會一昧把我們覺得重要的內容用各種方式儲存下來，想著「未來的自己或許會看」。但當我們真的需要一些曾經看過的內容，想要翻閱之前存下來的記錄時，卻發現我們的儲存空間太混亂，以至於又要再花費許多時間從頭找起那些資料。

你是否有想過，其實我們的大腦可以不用那麼有負擔地把所有東西記憶下來？讓這些並不是最重要的內容留在大腦外面，用合適的工具做出有秩序的整理，協助我們在需要的時候方便提取。因此在這個實作中，我將會為你介紹如何使用 Notion 來管理我們散落在各處的知識，建立一個可以整理我們所有蒐集到的知識內容的空間。

▶ 蒐集網頁文獻

現代人平常會有各種不同的資料來源，其中一個很常出現的內容便是各種網頁了。因此這邊我們會使用「Save to Notion」這款 Chrome 擴充套件 *2 來將我們感興趣的網頁儲存到 Notion 中。

---

*2　不一定要用Chrome，選擇Edge這種使用Chrome內核的瀏覽器都可以。

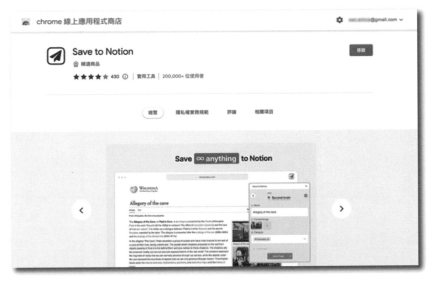

圖 7-23　Save to Notion

在 Chrome 商店安裝好擴充程式之後，就會需要連結到我們的 Notion 取得權限。之後在網路上遇到我們有興趣的內容時，就可以按下瀏覽器右上角的符號來將頁面快速儲存到特定的資料庫（圖 7-24）。

圖 7-24　使用 Save to Notion 儲存頁面

此時它會預設幫我們抓出來一些內容，但我們仍然可以進行調整來儲存不同的內容在我們的資料庫中。

如果希望儲存到不同的資料庫，這款擴充程式也有支援，可以參考圖 7-25 進行設定：

圖 7-25　儲存到不同的資料庫

➤ 蒐集 Podcast 筆記

除了閱讀文章，現今也有越來越多人透過 Podcast 來學習成長。這邊筆者推薦一款能方便記錄筆記的 Podcast 應用程式──Snipd。這是一款 Android / iOS 都有支援的跨平台應用，而且主要的功能也都是完全免費的。

使用 Snipd，可以讓你在收聽的過程中隨時按下「Create snipd」或用耳機按下「上一首」的按鍵都可以建立一個標記（見圖 7-26）。

圖 7-26　Snipd 畫面

每個標記都可以在當下或事後去記錄筆記（見圖 7-27）：

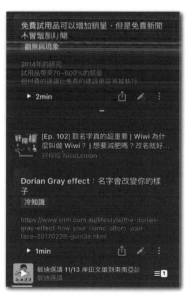

圖 7-27　在 Snipd 中記錄筆記

在 Snipd 的使用者設定中，我們可以選擇將我們的筆記連動到 Notion 資料庫，操作步驟如圖 7-28 所示：

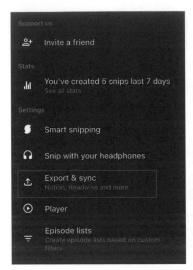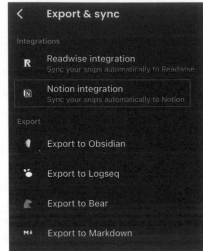

圖 7-28　Snipd 連動到 Notion

▶用 Notion AI 自動整理重點

當我們的資料都被添加到資料庫以後，我們可以在這些資料庫建立一個 Notion AI 欄位，讓它批量幫我們整理重點。

如果我們某些主要的資訊是有記錄在其中幾個欄位內，在撰寫提示要求的時候可以特地強調請 Notion AI 從該欄位中進行總結，這可以讓效果變得更好，如圖 7-29。

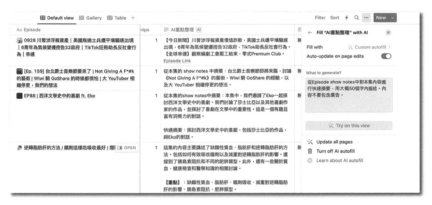

圖 7-29　使用 Notion AI 整理筆記重點

▶ 用 Notion Q&A 快速查閱內容

隨者累積的知識庫越來越大，我們便可以使用 Notion Q&A 來協助我們從這些內容中快速提取出有幫助的部分。如圖 7-30 所示，它不但參考了我們的知識庫資料提供了解答以外，還將原始的資料連結展示出來，方便我們對知識庫裡面內容進行再利用。

圖 7-30　使用 Notion Q&A 從知識庫提取內容

「紙上得來終覺淺，絕知此事要躬行。」—— 陸游

光用看的再多遍，所能掌握的程度還是很有限的，
不如就跟著範例實際動手操作過一次看看吧。
如果有遇到實作問題，也歡迎在練習範例處留言討論！
（常見問題和其他資源也都會持續更新在範例文件中）

✍ 本章重點

A-1　實作範例連結

A-2　Notion 支援的第三方服務清單

A-1 實作範例連結

名稱	說明	資源連結
實作 1：同步導航欄	用同步區塊建立快速跳轉導航欄	https://noto.tw/ex-1
實作 2：批量文案生成	用 Notion AI 欄位進行批量文案生成	https://noto.tw/ex-2
實作 3：任務計時器	用按鈕建立任務並自動記錄時間	https://noto.tw/ex-3
實作 4：團隊投票工具	用按鈕及人物欄位製作投票 / 打卡工具	https://noto.tw/ex-4
實作 5：欄位內容擷取與合併顯示	用公式對內容進行擷取、合併、樣式化	https://noto.tw/ex-5
實作 6：總覽儀表板	用公式與關聯製作匯總多個資料庫的儀表板	https://noto.tw/ex-6
實作 7：自動關聯	用自動化建立資料庫關聯	https://noto.tw/ex-7
實作 8：自動標記任務開始 / 完成時間	用自動化標記任務開始與結束時間	https://noto.tw/ex-8
實作 9：將 Google Task 任務串接到 Notion	用 Zapier 串接 Notion API，同步任務項目	https://noto.tw/ex-9
實作 10：將 Gmail 信件儲存到 Notion（使用 Make）	用 Make 串接 Notion API，同步信件資訊	https://noto.tw/ex-10
實作 11：用 Siri 快速記錄內容到 Notion	用 Siri 串接 Notion API，在 iPhone 上快速記錄	https://noto.tw/ex-11
實作 12：動態檢視你的記帳條目	將檢視模式應用在記帳管理	https://noto.tw/ex-12
實作 13：用手錶讓記帳變輕鬆	將 Siri 捷徑應用在記帳方式	https://noto.tw/ex-13

名稱	說明	資源連結
實作 14：在 Notion 中開高效同步會議	將同步編輯與留言應用在同步會議	https://noto.tw/ex-14
實作 15：用 Notion 自動建立線上會議室	將 Make 串接應用在 Google Meet 會議建立	https://noto.tw/ex-15
實作 16：用自動工作流改善內容團隊生產效率	將自動化應用在工作流並串接 Slack 通知 將 ChatGPT 串接在 Notion 自動生成劇本草稿	https://noto.tw/ex-16
實作 17：每日習慣打卡表	將按鈕與自動化應用在習慣追蹤	https://noto.tw/ex-17
實作 18：問題日記	將 Make 串接 Google 表單應用在問題日記	https://noto.tw/ex-18
實作 19：靈感日記	將 Siri 串接 ChatGPT 應用在智能總結的靈感日記	https://noto.tw/ex-19
實作 20：知識管理系統	將外掛程式與 Notion AI 應用在知識管理系統	https://noto.tw/ex-20

 ## A-2 Notion 支援的第三方服務清單

應用名稱	主要功能
Adobe XD	用於設計和原型化使用者介面和使用者體驗的工具，常用於網頁和移動應用設計。
Asana	項目管理和任務協作工具，提供了任務分配、進度追蹤、日曆視圖、甘特圖等功能。
Box	雲端儲存服務，提供文件共享、協作和其他企業級文件管理功能。
Codepen	一款提供線上網頁撰寫預覽的服務，常用於前端開發。

應用名稱	主要功能
Deepnote	協作式資料科學筆記本平台，支援 Python 和其他資料科學語言，便於資料分析和視覺化。
Dropbox	雲端儲存和文件共享服務，支援文件同步、備份和協作。
Excalidraw	手繪風格的電子白板。
Figma	基於網頁的介面設計工具，專注於團隊協作和原型設計。
GitHub	全球最流行的程式碼託管平台，提供協作審查、議題跟蹤、CI/CD 等功能，同時也是世界上最大的開源社群之一。
GitLab	提供從程式托管到 CI/CD、項目管理的一體化解決方案，常被許多企業用戶使用。
Google Drive	Google 提供的雲端儲存服務，支援文件儲存、共享和協作。
Google Map	地圖服務應用，提供衛星圖像、地圖、路徑規劃等功能。
Jira	專為敏捷開發團隊設計的項目管理工具。
Loom	提供線上螢幕錄製與分享的工具。
Miro	線上協作式白板平台，用於團隊腦力激蕩、規劃和視覺化項目。
OneDrive	微軟提供的雲端儲存服務，支援文件儲存、同步和分享。
Replit	線上程式託管平台，常用於學習、教學和小型項目開發。
Slack	企業通訊平台，支援訊息發送、文件共享、視訊會議等，以提高團隊協作效率。
Trello	基於看板方法的項目管理工具，用於組織任務和項目。
Twitter(X)	世界最大的社群交流平台之一。
TypeForm	線上表單和調查工具，以用戶友好的介面設計讓用戶建立和回應問卷。
Whimsical	可以用來建立流程圖、心智圖、線框圖等視覺檔案的工具，專注於視覺化協作。
Zoom	視訊會議平台，廣泛用於線上會議、遠端教學和網路研討會。

Asana、GitHub、GitLab、Jira：提供內建 Notion 同步資料庫

Slack：提供內建 Notion Automation 連動